김경기 지음

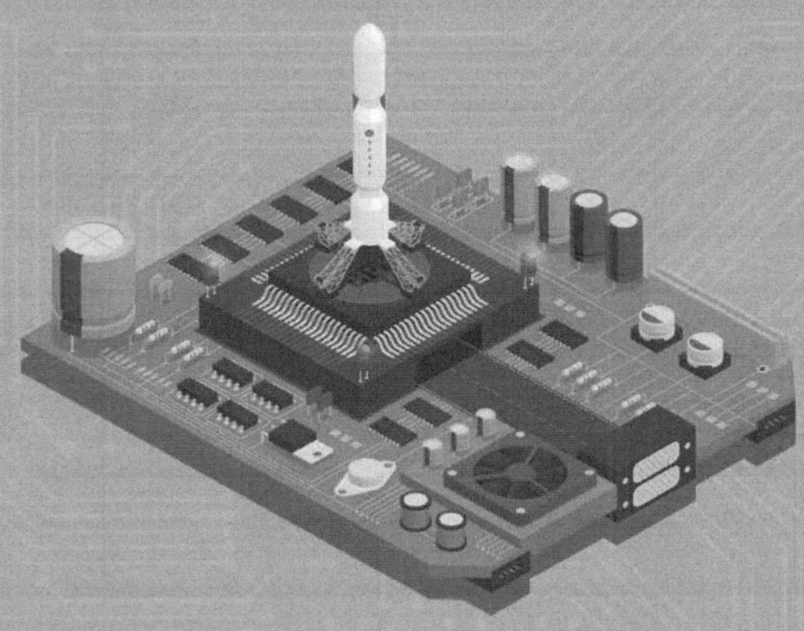

21세기사

PREFACE

FPGA(Field-programmable logic array)는 프로그래머블 논리 요소와 프로그래밍이 가능한 내부선이 포함된 반도체 소자입니다. 프로그래머블 논리 요소는 AND, OR, XOR, NOT, 더 복잡한 디코더나 계산기능의 조합 기능같은 기본적인 논리 게이트의 기능을 복제하여 프로그래밍할 수 있습니다. 대부분의 FPGA는 프로그래밍이 가능한 논리 요소에 간단한 플립플롭이나 더 완벽한 메모리 블록으로 된 메모리 요소를 포함하고 있습니다. 최근 인공지능의 발전과 함께 신경망 모델 출력 값을 빠르게 계산하는 인공지능 추론 서비스 구현에 FPGA를 많이 사용하고 있는 추세이고, 앞으로 인공지능에서의 FPGA 활용이 더욱 보편화 될 것이라 예측됩니다.

본 교재는 학부생(2~3학년) 대상으로 하드웨어 기술 언어(HDL, Hardware Description Language) 중 하나인 Verilog HDL를 사용하여 기본적인 디지털회로를 FPGA로 설계하기 위한 기본적인 내용을 다루고 있으며, Xilinx 사의 FPGA 대상으로 처음부터 차근차근 설계할 수 있도록 실습위주로 기획되었습니다.

이 교재는 1장과 2장에서는 Xilinx사의 Vivado툴에 설치와 사용에 대해서 설명하였고, 3장에서 7장까지는 기본적인 조합 논리 회로의 설계 및 구현, 8장에서 11장까지는 기본적인 순차 논리회로의 설계 및 구현에 대해서 설명하였습니다. 마지막으로 부록에서는 ㈜리버트론의 FPGA Starter Kit III의 사용자 매뉴얼을 첨부하였습니다.

이 교재의 내용을 따라 실습을 진행한 독자들은 Verilog HDL의 모델링 모델부터 FPGA 구현 및 검증에 이르는 전체 과정을 스스로 할 수 있는 능력을 갖추게 될 것이라 생각됩니다.

이 교재는 대구대학교의 교내 연구비지원으로 수행된 연구 결과물이며, 지원에 감사드리고, 이 교재가 출판되기까지 출판의 모든 과정을 도와준 대구대학교 지능형시스템반도체 연구실의 이진경 박사과정 학생에게도 감사를 표합니다. 마지막으로 이 교재의 출판을 맡아 주신 21세기사 대표님과 관계자 분들의 수고에도 깊이 감사를 드립니다.

저자

CONTENTS

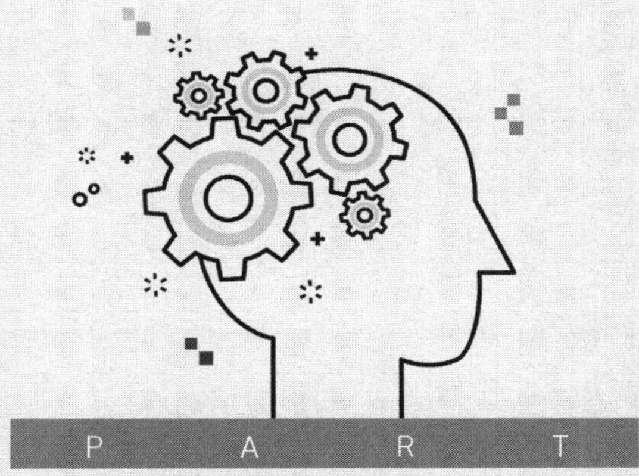

1

Vivado 소프트웨어의 설치와 사용

1

Vivado 소프트웨어의 설치

1.1 설치 파일 다운로드

Xilinx 홈페이지(https://www.xilinx.com)에서 회원 가입 후 설치 파일을 다운로드 한다.

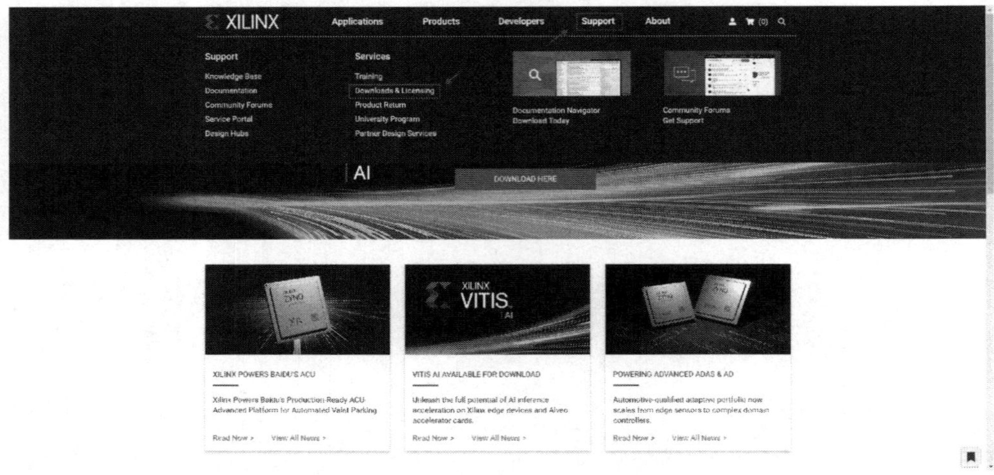

그림 1.1 Xilinx 홈페이지 다운로드 접속 화면

그림 1.2 다운로드 파일 선택 화면

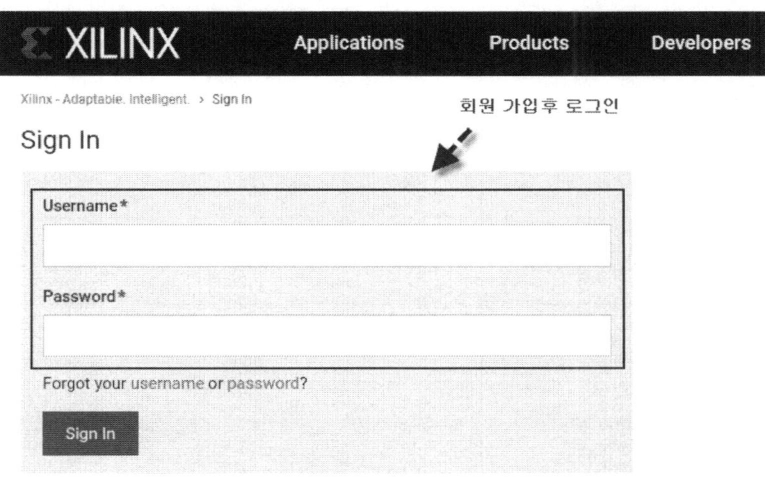

그림 1.3 Xilinx 로그인 화면

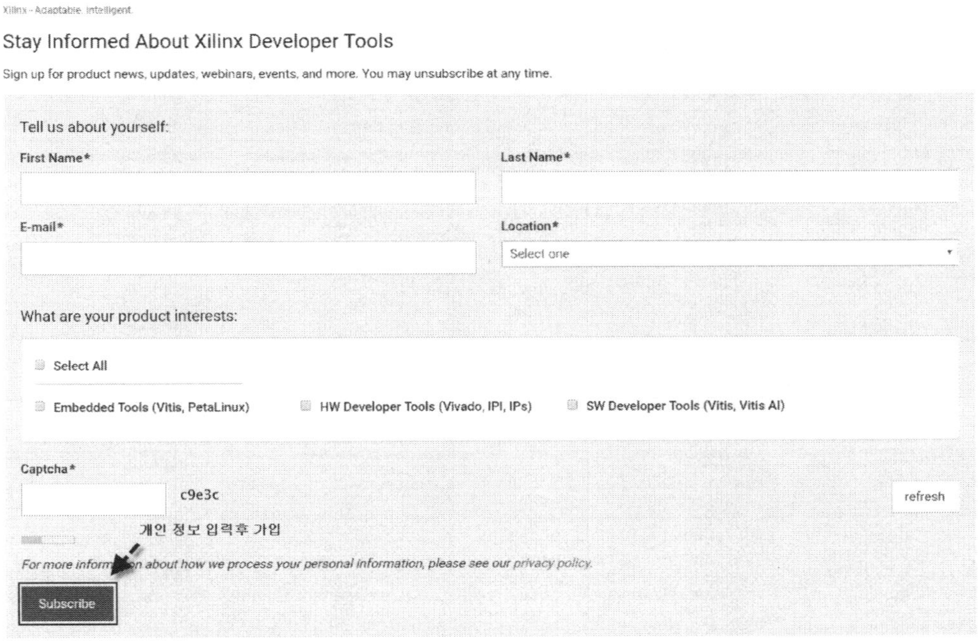

그림 1.4 로그인 후 개인 정보 입력 및 파일 다운로드 화면

1.2 설치 파일 실행

설치 파일을 다운로드 후, 파일의 압축을 해제하고 'xsetup.exe' 파일을 실행한다.

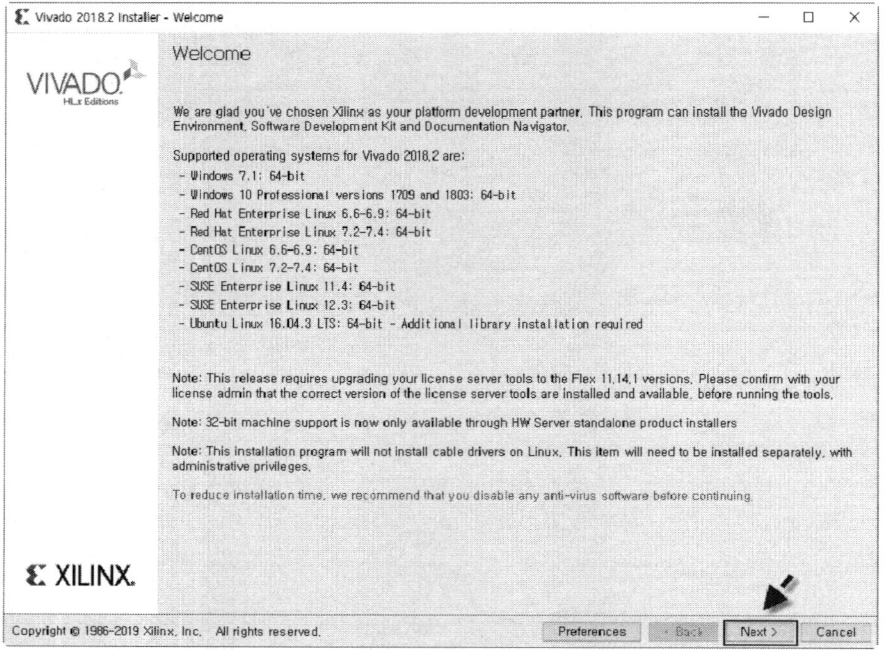

그림 1.5 설치 시작 화면

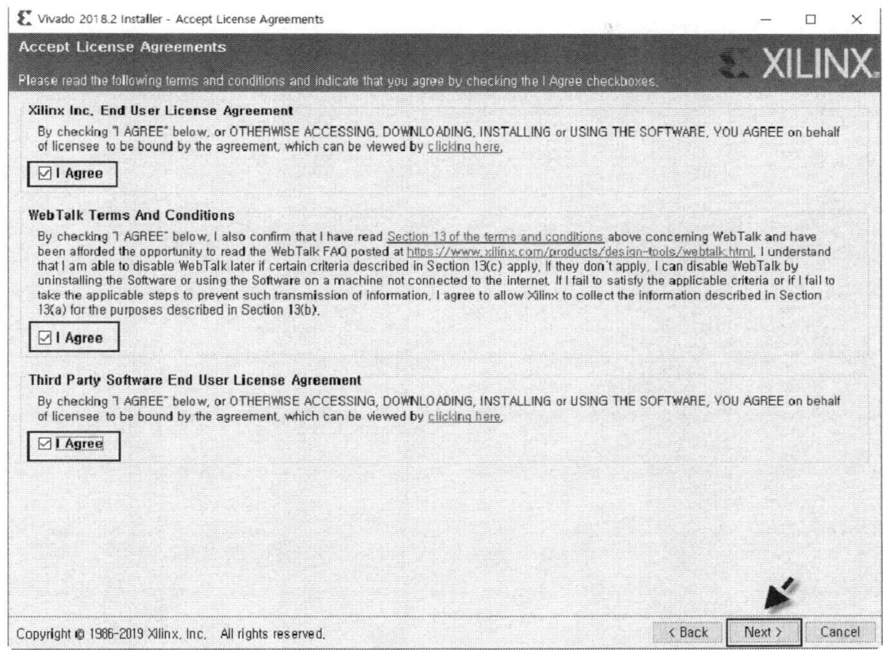

그림 1.6 License Agreements 내용 화면

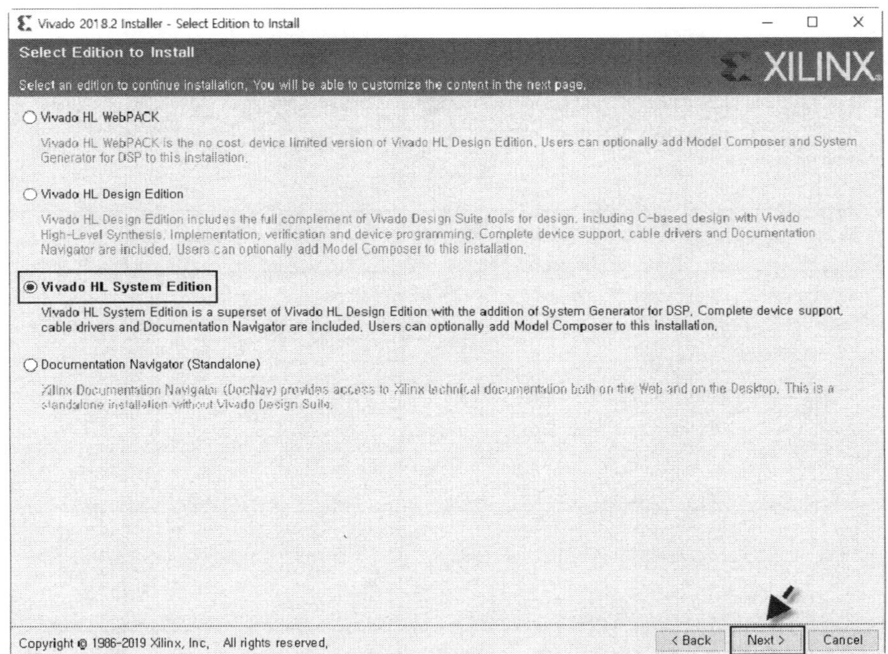

그림 1.7 설치할 제품 선택 화면

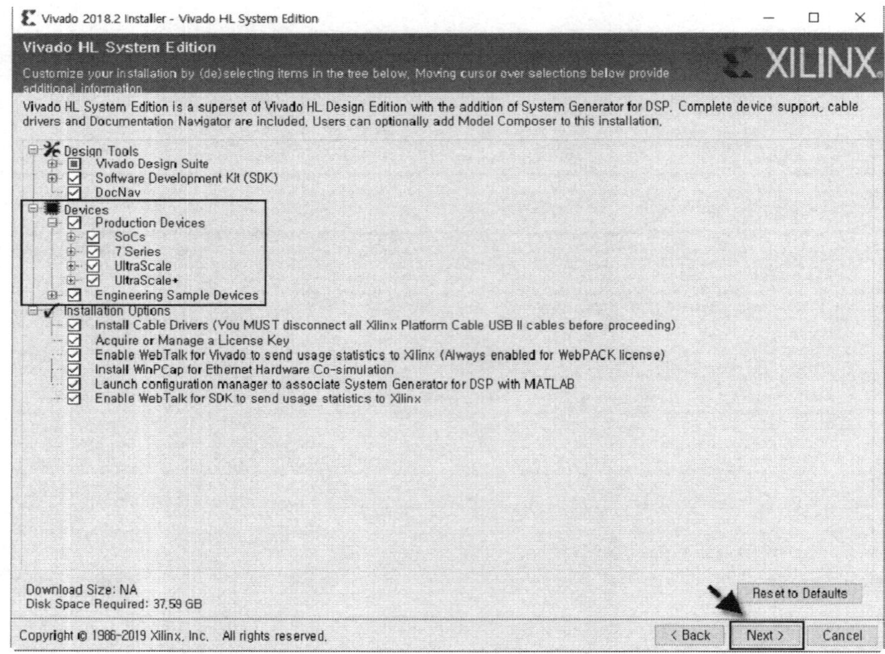

그림 1.8 설치 옵션 선택 화면

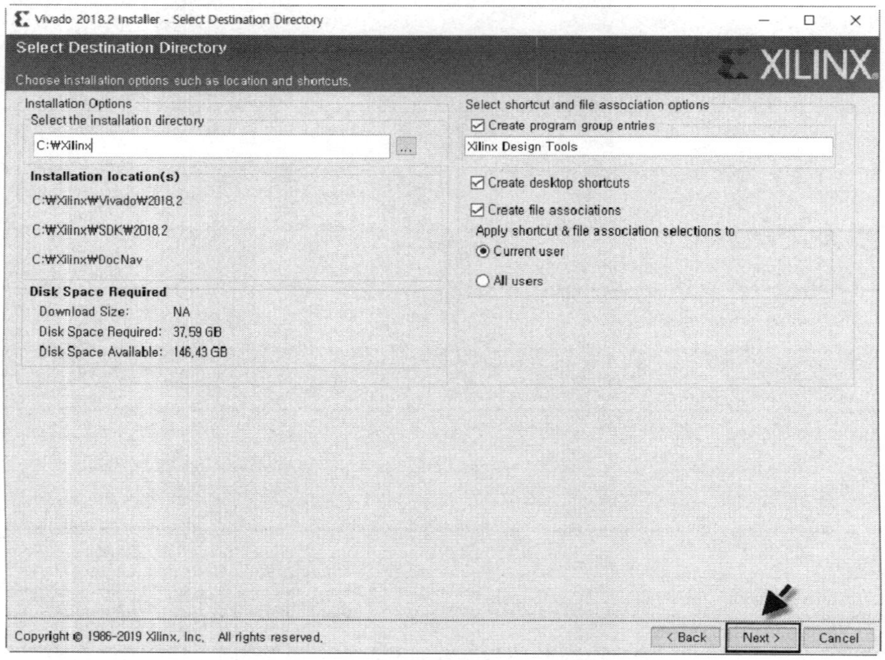

그림 1.9 설치 경로 지정 화면

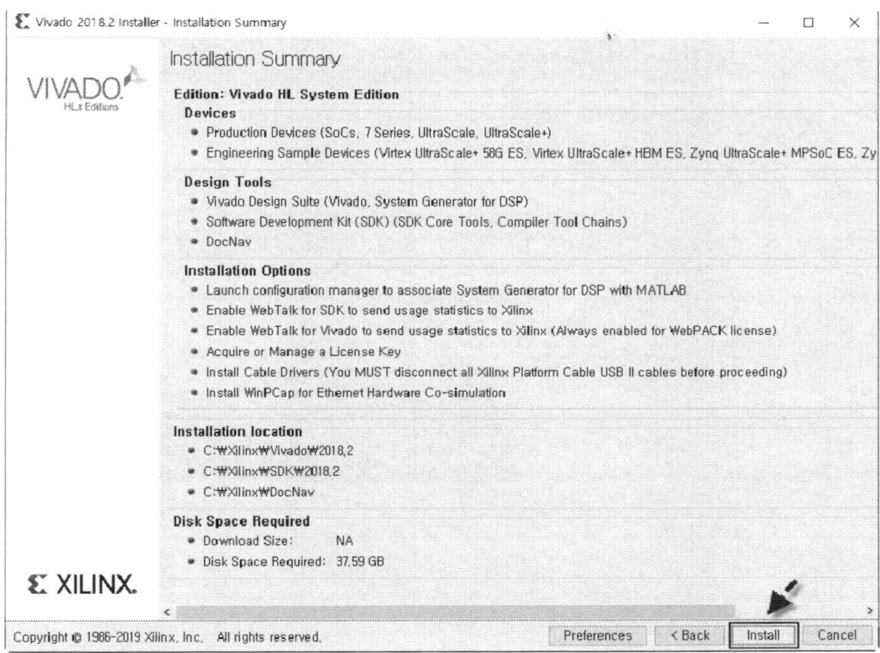

그림 1.10 설치 실행 화면

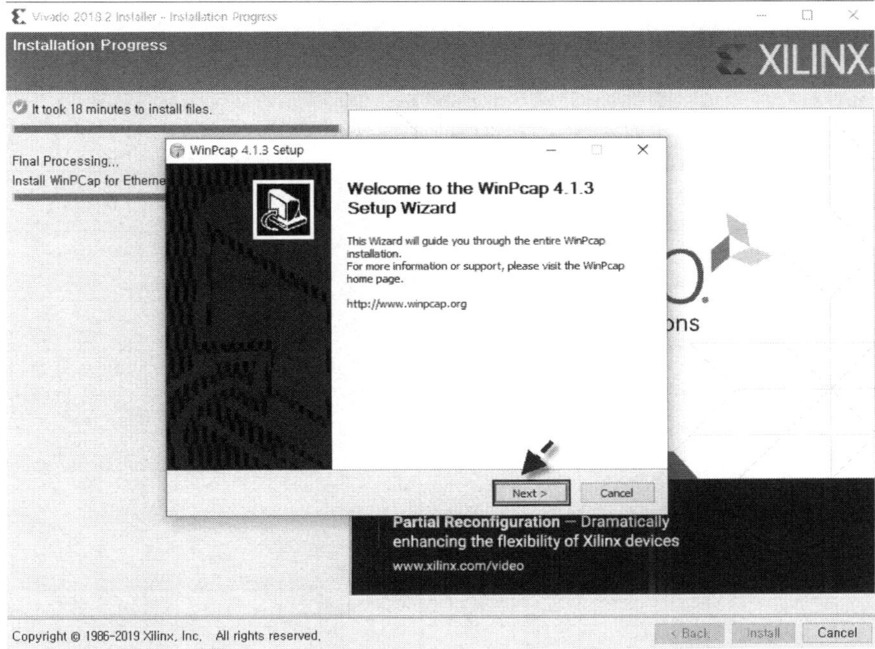

그림 1.11 Wincap 설치 화면

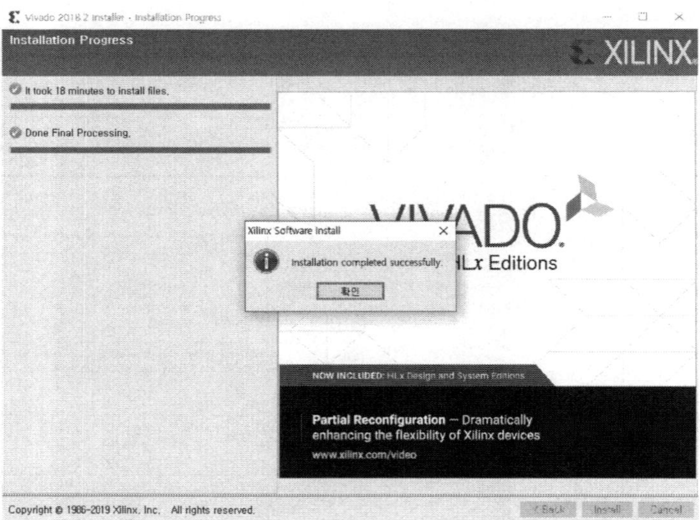

그림 1.12 설치 완료 화면

1.3 License 파일 설치

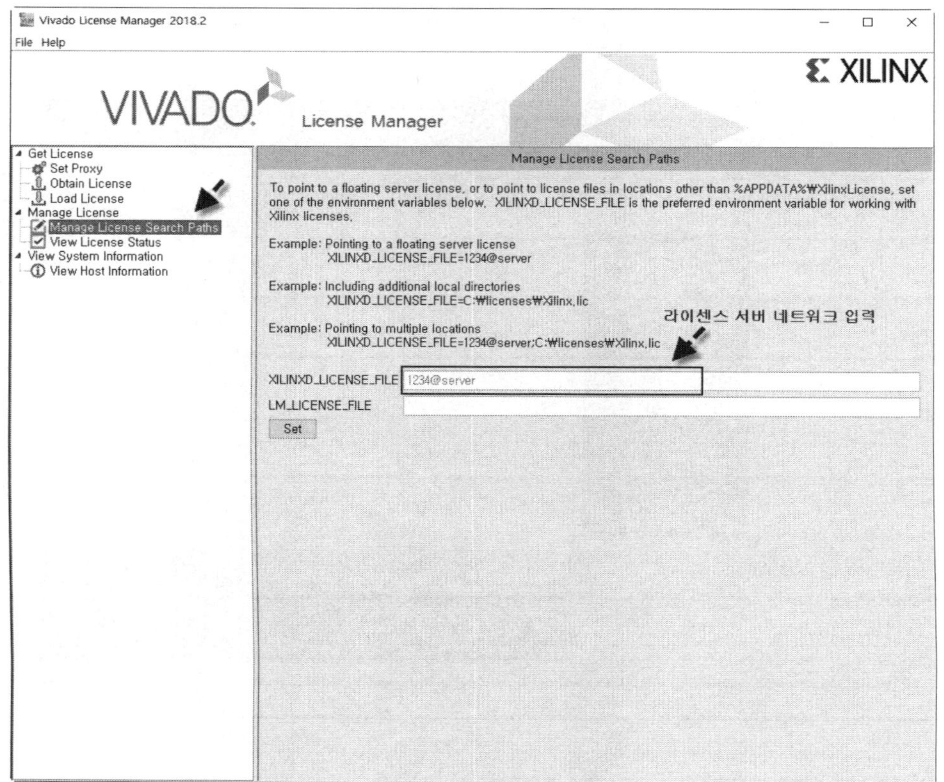

그림 1.13 License 설치 화면

2

Vivado 소프트웨어의 사용

2.1 프로젝트의 생성

Verilog 또는 VHDL 코드를 새로 설계하려면 Vivado에서 새로운 프로젝트를 생성해야 한다. 기존의 프로젝트에서 설계를 시작할 때에는 프로젝트를 오픈해서 설계를 시작하면 된다. 프로젝트는 Verilog 또는 VHDL 코드의 작성 및 설계를 시작하기 위한 사전 작업이다. 프로젝트를 만들기 위해 Vivado 소프트웨어를 실행한다.

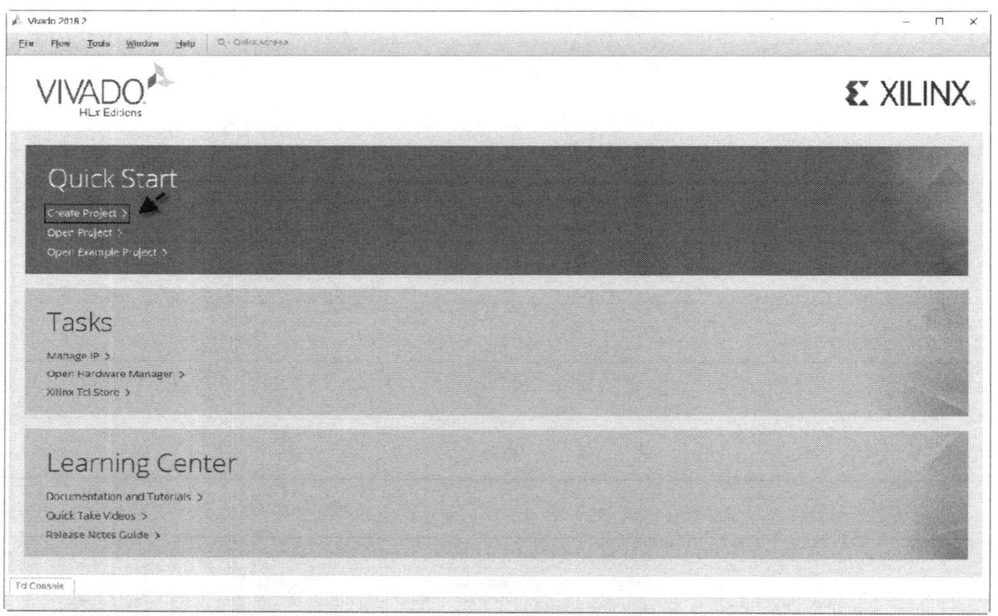

그림 2.1　Vivado 초기 실행 화면

Vivado 소프트웨어를 실행하면 [Create Project] 메뉴를 선택하여 프로젝트를 생성한다. 또는 File → New Project를 메뉴를 선택하여 프로젝트를 생성할 수 있다.

Project 생성화면이 실행되고 생성할 프로젝트의 경로, 이름 및 사용할 언어를 선택한 후 Next 버튼을 클릭한다.

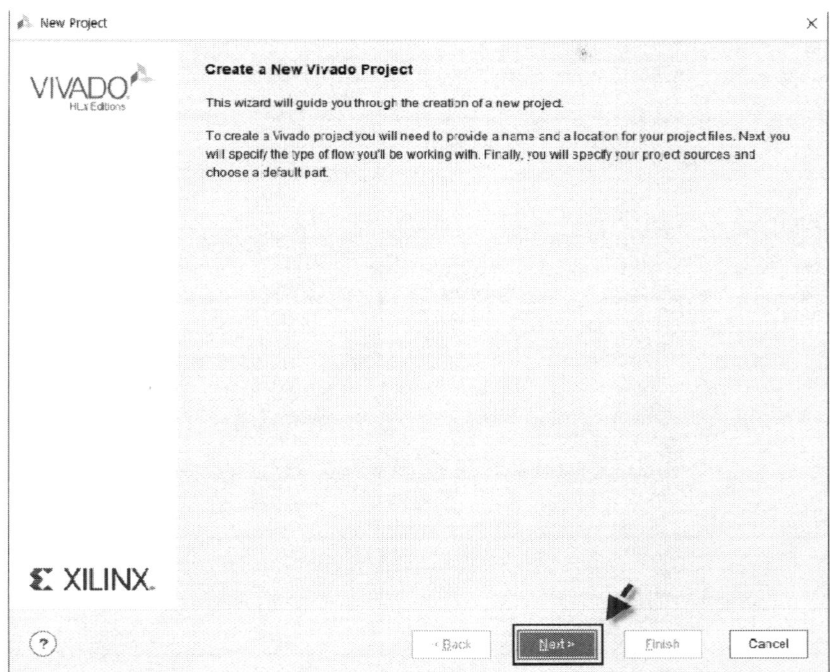

그림 2.2 프로젝트 생성 단계 화면

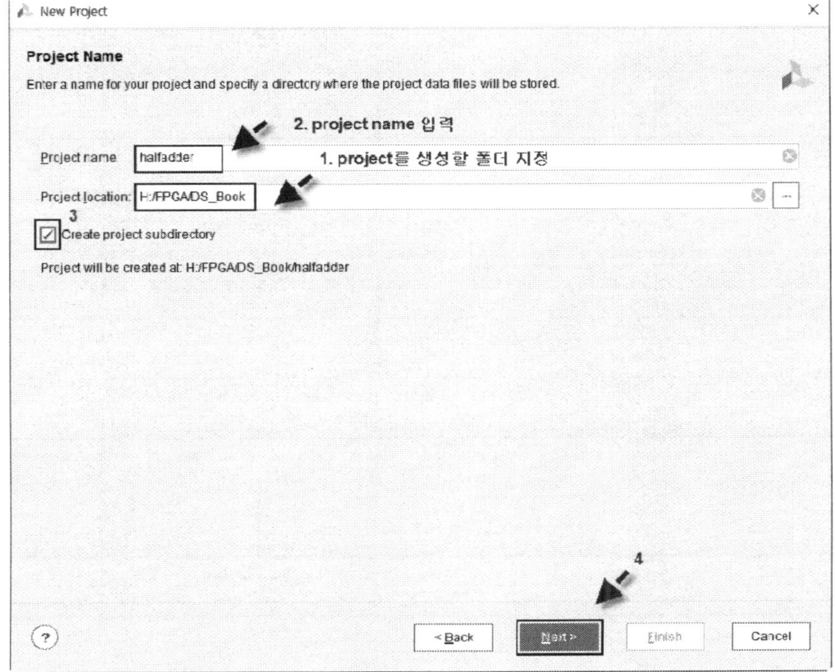

그림 2.3 프로젝트 경로 및 이름 지정 화면

프로젝트 경로와 이름을 지정한 후 프로젝트 타입 실행 화면이 나타난다. 이는 설계에 사용되는 프로젝트의 목적으로 간주 되므로 일반적인 설계에서는 **RTL Project**를 클릭한다.

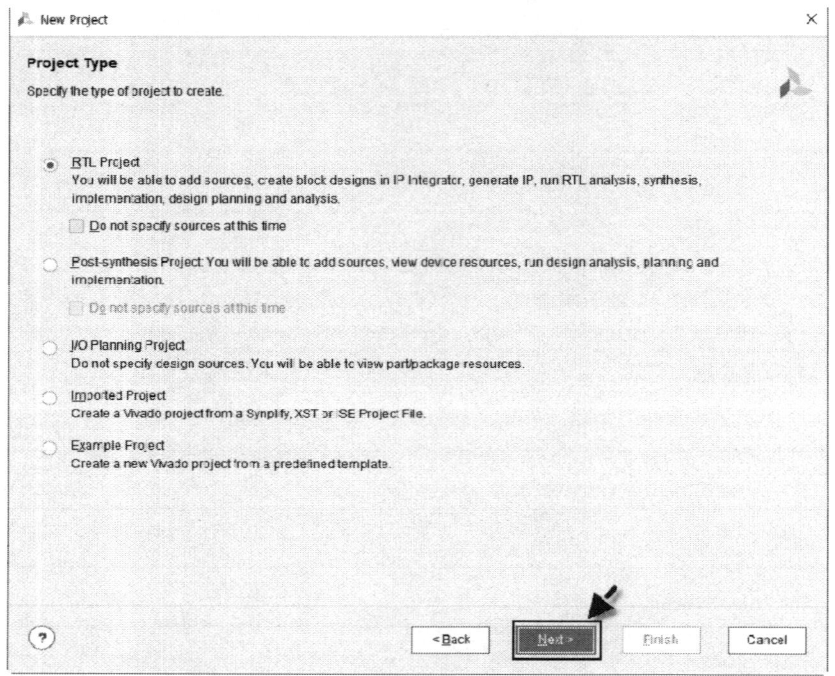

그림 2.4 프로젝트 타입 선택 화면

프로젝트 타입 선택 후에 소스의 작성 및 추가화면과 Constraints 파일의 작성 및 추가화면이 나타나는데 이는 초기 프로젝트 생성에서 건너뛸 수 있다. 기존에 사용하던 Verilog 또는 VHDL 코드 파일, Constraints 파일을 추가하고 싶다면 **Add** 버튼을 클릭하여 파일을 선택 후 추가하면 된다. 추가 옵션을 건너뛰고 프로젝트 생성 후에도 추가 옵션 기능이 있기에 본 장에서는 건너뛰도록 한다.

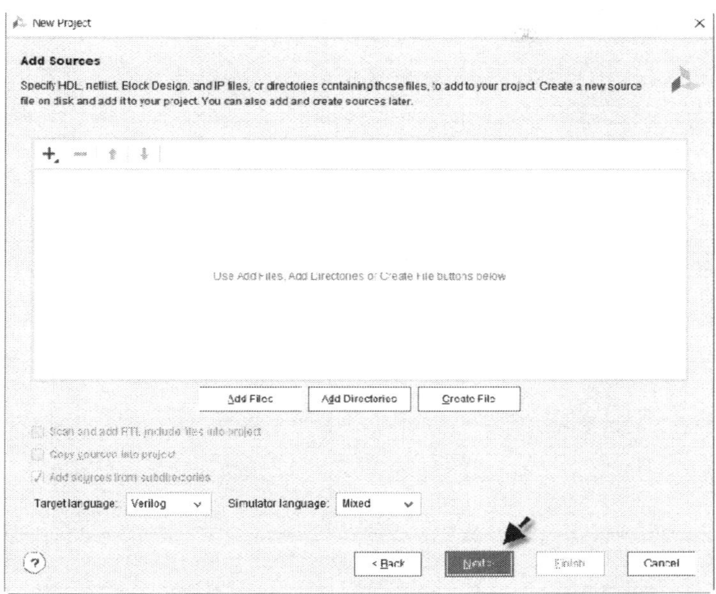

그림 2.5 소스 코드 파일 추가 및 작성 화면

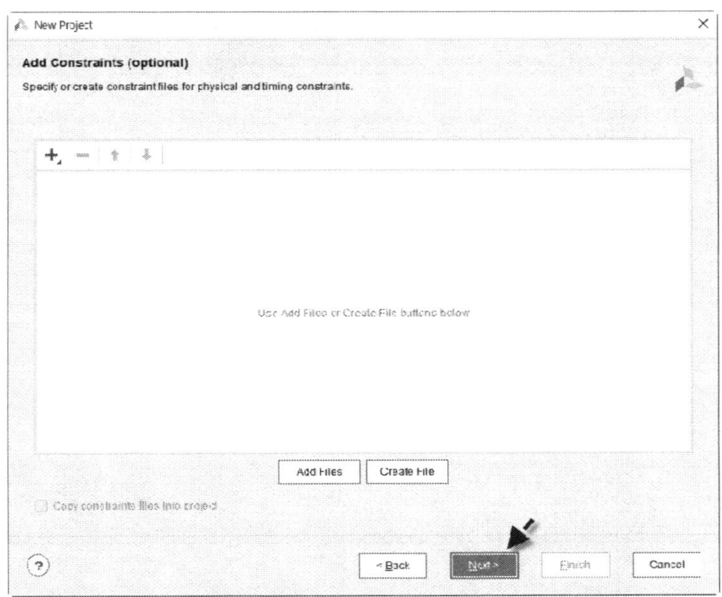

그림 2.6 Constraints 파일 추가 및 작성 화면

아래 그림은 디바이스 제품군의 선택 화면이다. Xilinx 사에서 제공하는 디바이스에는
여러 가지 제품군이 있지만 본 강의교재에서는 FSK Starter Kit 3를 사용하기 때문에

Artix-7의 [xc7a75tfgg484-1] 옵션을 체크 해주고 Next 버튼을 클릭한다. 프로젝트 전체
요약 화면이 나타나면 내용을 확인 후 Finish 버튼을 클릭하면 프로젝트의 생성과정이
완료된다.

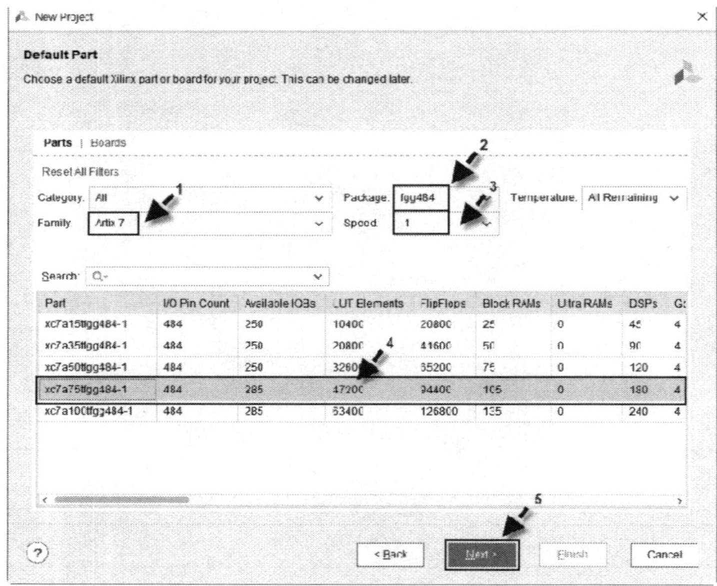

그림 2.7 디바이스 옵션 선택 화면

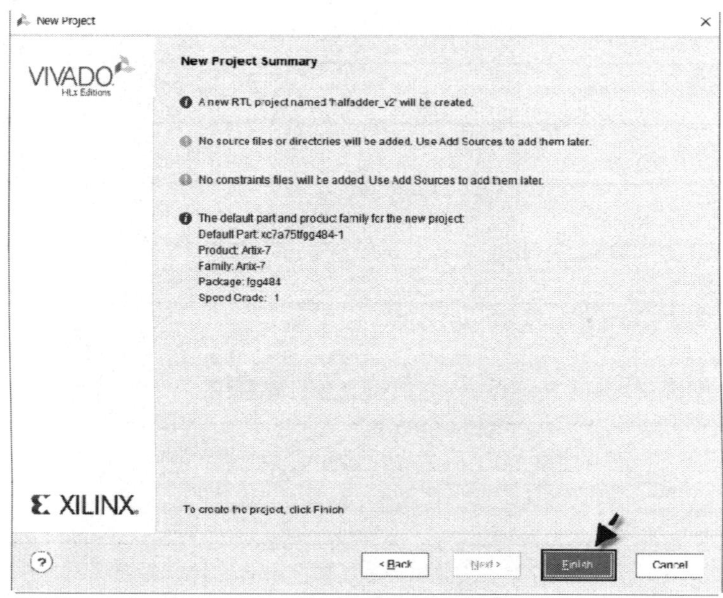

그림 2.8 프로젝트 생성 요약 화면

2.2 소스 코드의 입력 및 설계

프로젝트의 생성이 완료되면 소스 코드의 생성을 준비해야 한다. 그림과 같이 좌측에 나열한 PROJECT MANAGER 창의 Add Sources 버튼을 클릭하면 소스 파일을 추가/생성 할 수 있다.

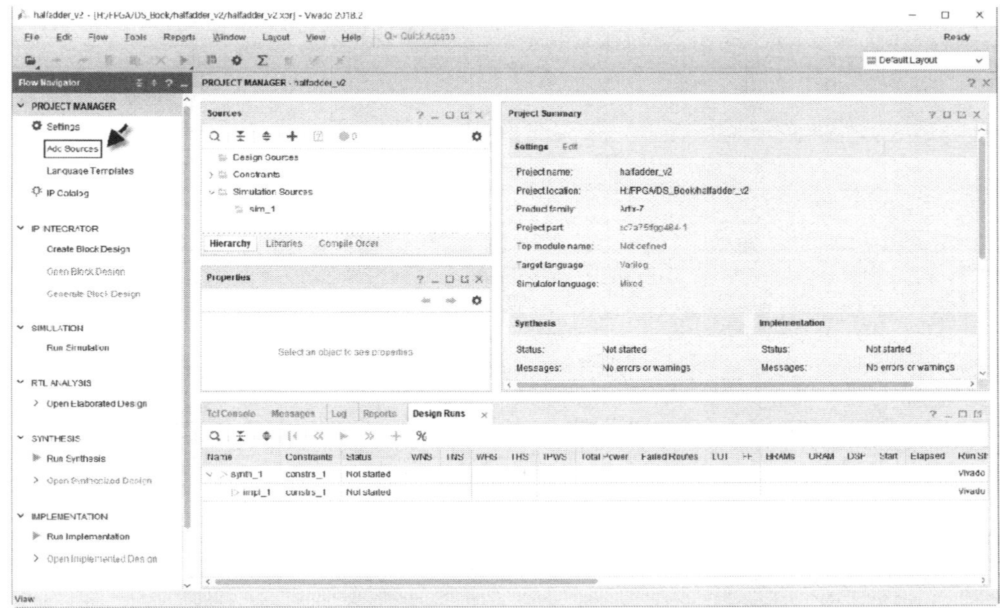

그림 2.9 소스 코드 생성의 초기 화면

아래 그림은 소스 코드의 종류를 선택하는 화면이다. 소스 코드의 종류는 총 세 가지가 있으며, Constraints 파일, Verilog 또는 VHDL 설계 코드 그리고 테스트 벤치 소스 코드가 있다. 원하는 소스 코드 파일의 선택 창에 체크를 하고 Next 버튼을 클릭한다.

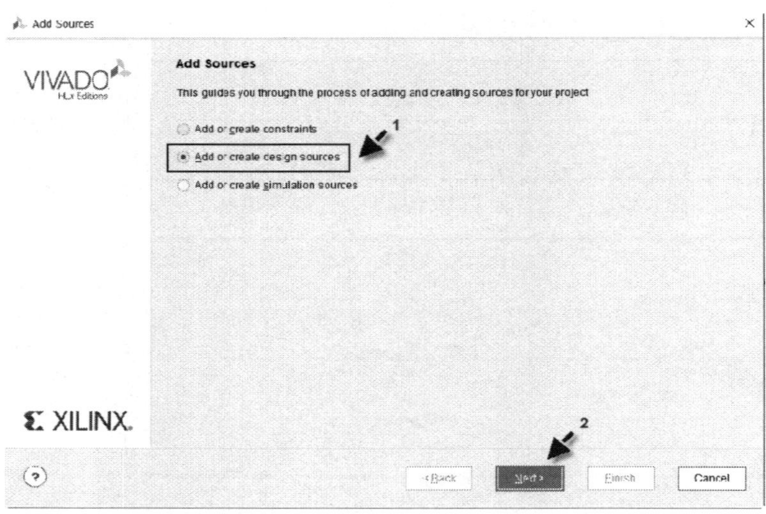

그림 2.10 소스 코드 생성의 초기 화면

아래 그림은 소스 코드의 이름과 타입을 설정하는 단계이다. 소스 코드의 이름을 설정하고 OK 버튼을 클릭한다. OK 버튼을 클릭한 후에 소스 코드의 생성 요약이 나타나며 Finish 버튼을 클릭하여 소스 코드의 생성을 완료할 수 있다.

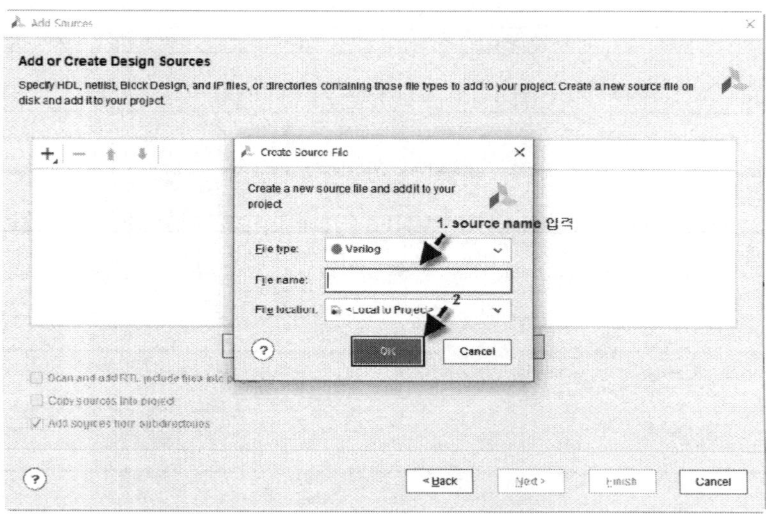

그림 2.11 소스 코드의 이름과 타입 설정 화면

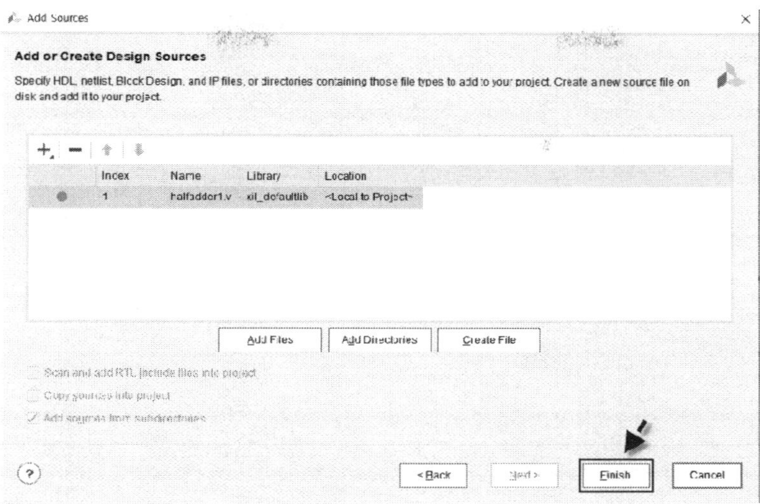

그림 2.12 소스 코드 생성의 완료 화면

소스 코드의 생성을 완료하면 포트 설정 화면이 나타나는데 아직 설계하지 않은 상태이
므로 Next 버튼을 클릭하여 다음으로 넘어간다. 소스 코드의 포트가 선언되지 않았다는
문구가 다음 창에 나타나면 Yes 버튼을 클릭하여 다음으로 넘어간다.

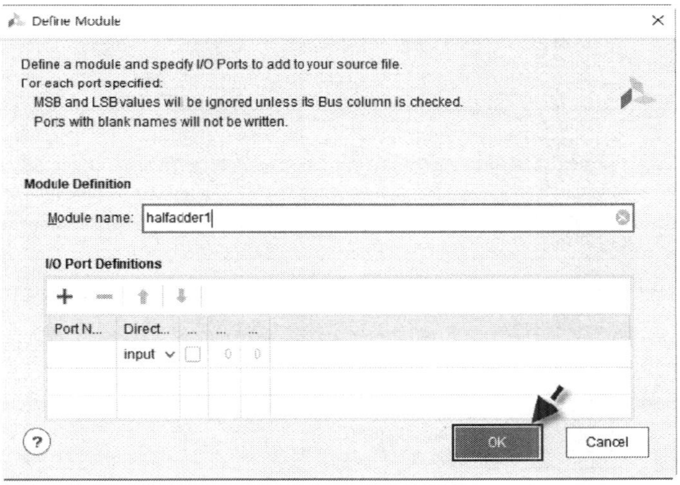

그림 2.13 소스 코드의 포트 설정 화면

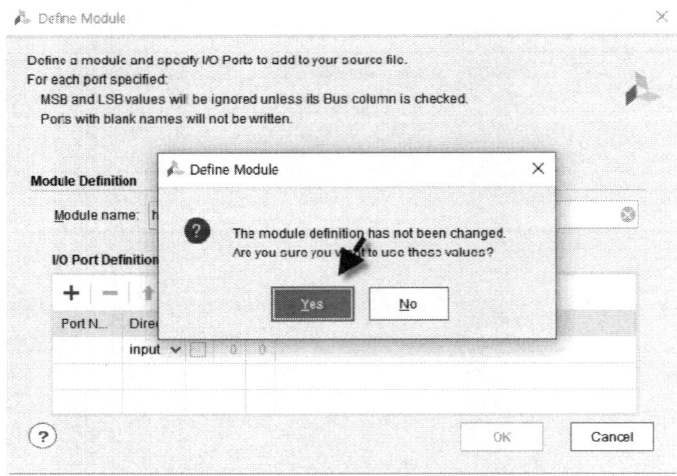

그림 2.14 소스 코드의 설정 화면

소스 코드의 생성이 완료되면 Sources → Design Sources 창에 코드가 생성된 것을 확인할 수 있다. 소스 코드를 클릭하여 우측 화면에 설계하고자 하는 코드를 작성하고 저장한다.

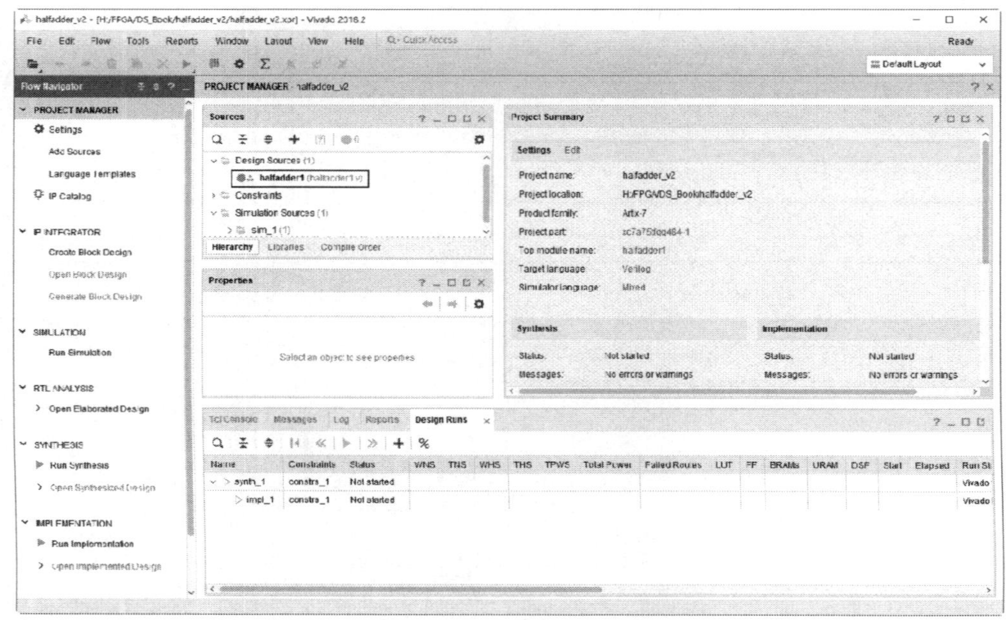

그림 2.15 소스 코드의 생성 화면

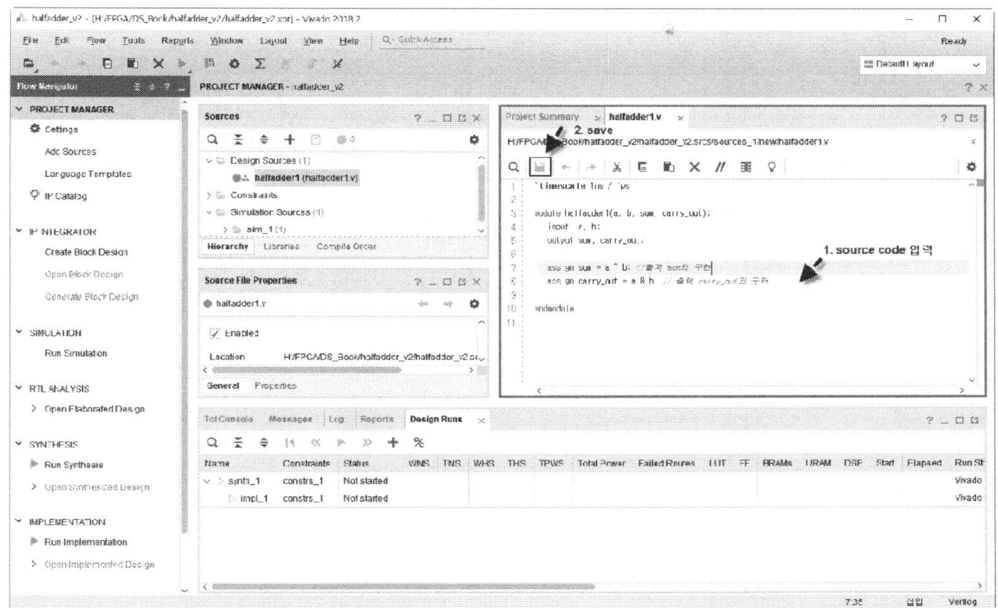

그림 2.16 소스 코드의 작성 화면

2.3 소스 코드의 시뮬레이션

소스 코드의 작성이 완료되면 소스 코드의 시뮬레이션을 진행한다. 이 과정은 설계하고
자 하는 코드가 정확한 작동을 하는지를 체크하는 단계이다. 보통 시뮬레이션 과정을 진
행하지 않고 다음 단계로 넘어가는 경우가 많다. 이는 올바른 설계 과정이 아니며 오히
려 시간을 더 소모할 수 있다. 시뮬레이션 코드 생성 방법은 앞서 설명한 테스트 벤치 소
스 창에 체크를 하고 소스를 만들면 된다.

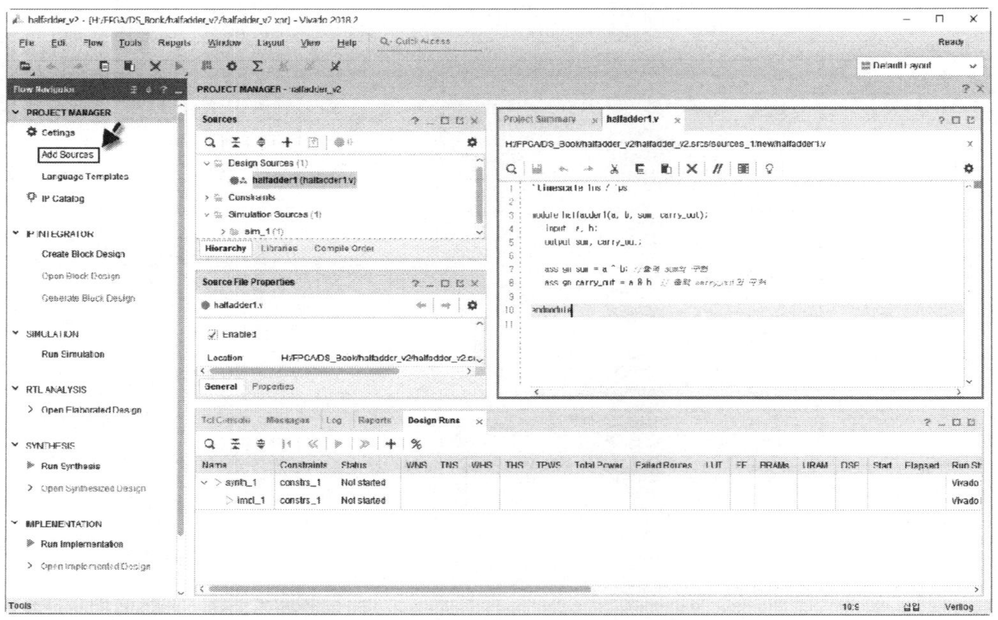

그림 2.17 테스트 벤치 소스 코드의 초기 작성 화면

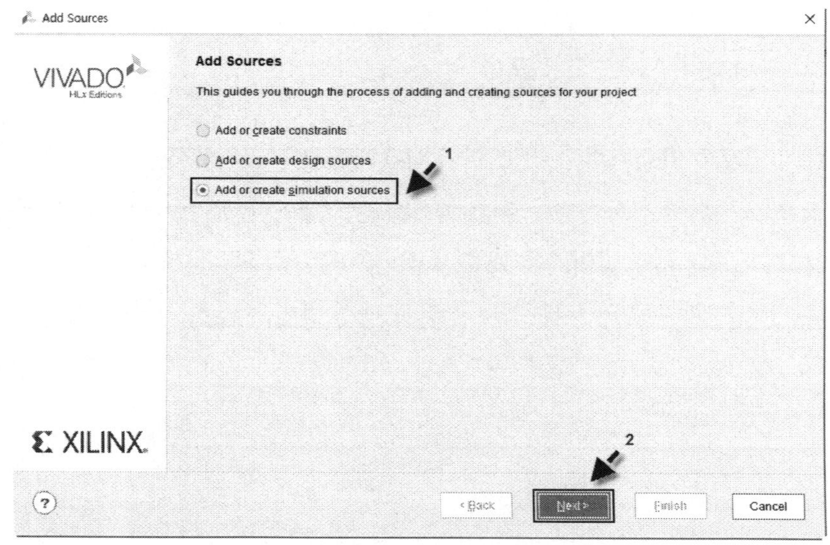

그림 2.18 테스트 벤치 소스 코드의 초기 작성 화면

테스트 벤치 소스 코드의 생성과정은 디자인 소스 코드의 생성과정과 같다. 테스트 벤치의 이름은 tb_name으로 지정해준다. 이는 디자인 소스 코드와 테스트 벤치 소스 코드를 분류하기 위해서 소스 코드 이름 앞에 테스트 벤치의 약자인 tb를 붙인다.

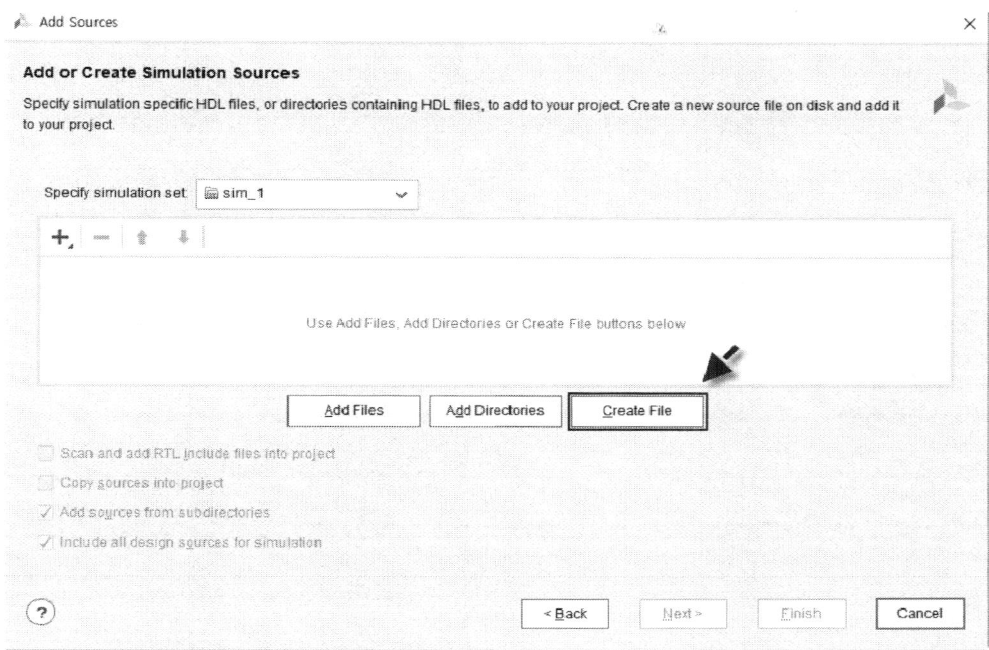

그림 2.19 테스트 벤치 소스 코드의 초기 작성 화면

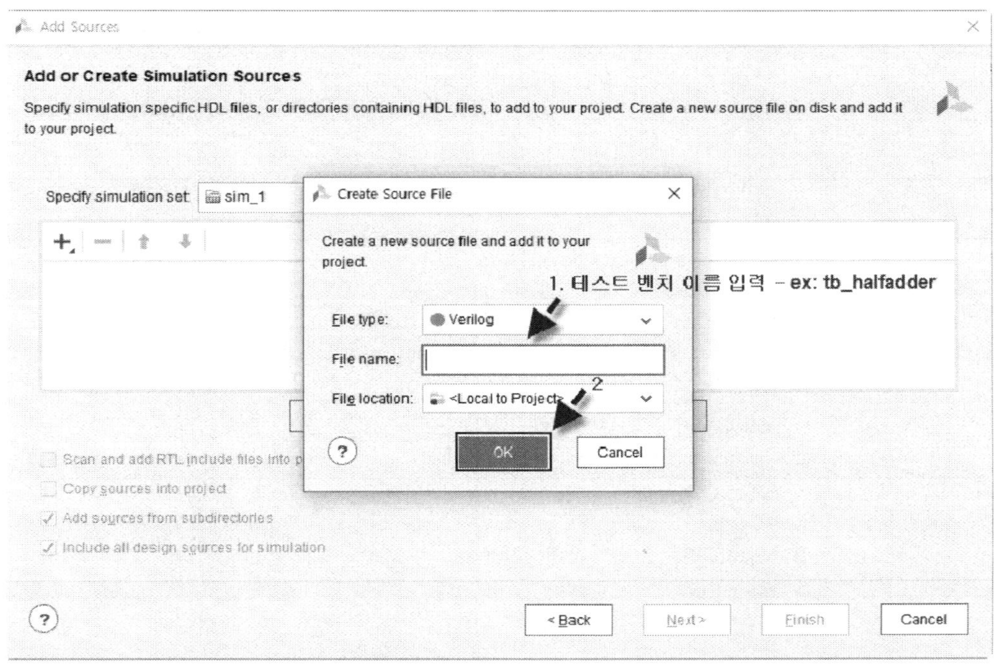

그림 2.20 테스트 벤치 소스 코드의 이름과 타입 설정 화면

테스트 벤치 소스 코드의 생성을 완료하면 포트 설정 화면이 나타나는데 아직 설계하지 않은 상태이므로 Next 버튼을 클릭하여 다음으로 넘어간다. 테스트 벤치 소스 코드의 포트가 선언되지 않았다는 문구가 다음 창에 나타나면 Yes 버튼을 클릭하여 다음으로 넘어간다.

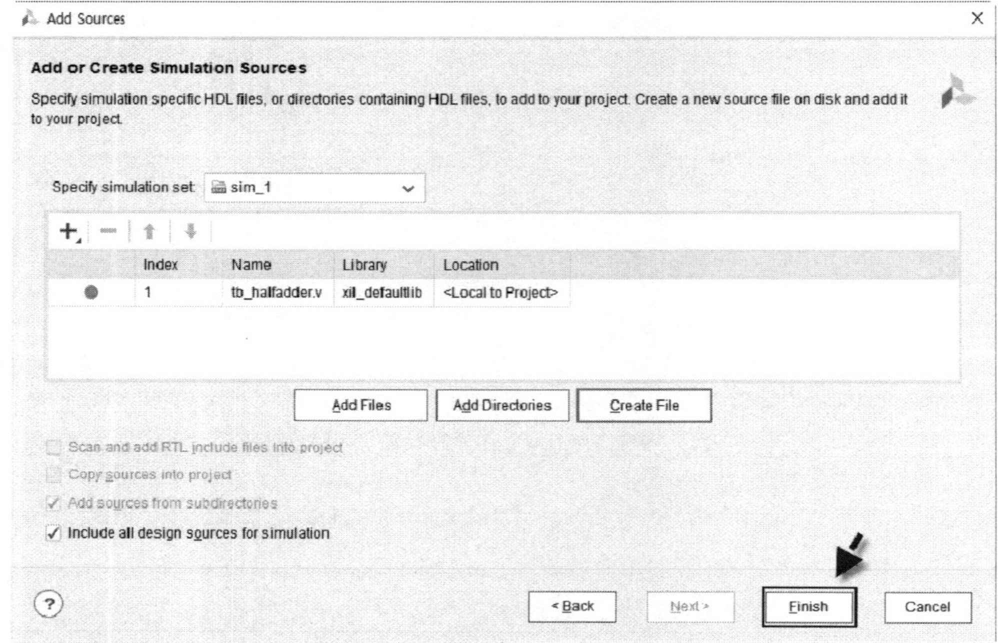

그림 2.21 테스트 벤치 소스 코드의 생성 완료 화면

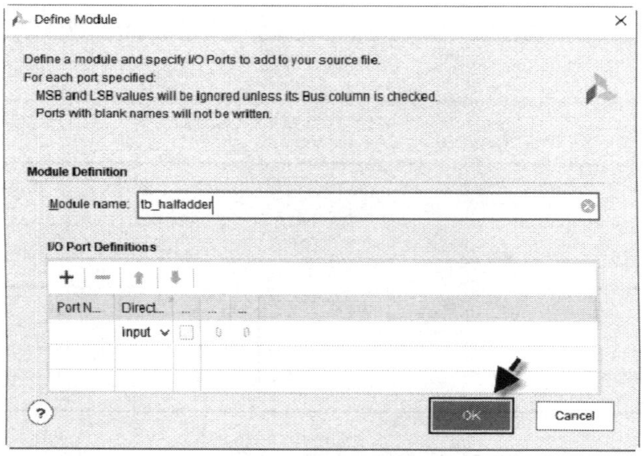

그림 2.22 테스트 벤치 소스 코드의 포트 설정 화면

테스트 벤치의 코드 생성이 완료되면 소스 코드의 Sources → Simulation Sources 창에서 소스 코드가 생성된 것을 확인할 수 있다. 소스 코드를 클릭하여 우측 화면에 검증하고자 하는 테스트 벤치 코드를 작성하고 저장한다.

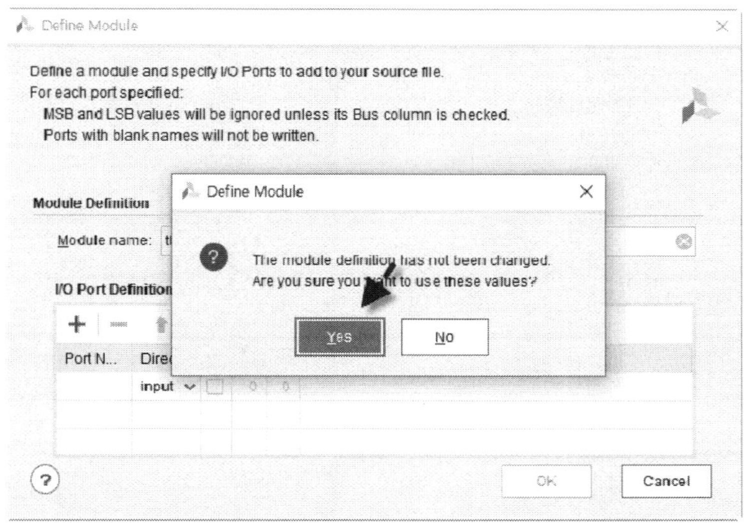

그림 2.23 테스트 벤치 소스 코드의 포트 설정 화면

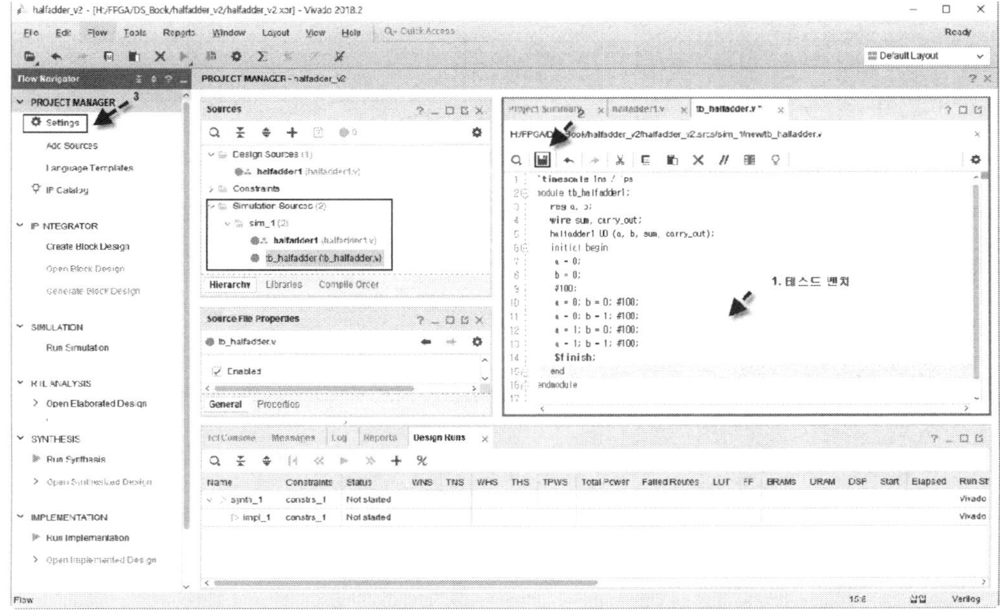

그림 2.24 테스트 벤치 소스 코드의 작성 화면

테스트 벤치 소스 코드의 작성이 완료되면 시뮬레이션을 진행한다. 시뮬레이션을 진행하기 전에 좌측 상단에 있는 Settings 버튼을 클릭하여 테스트 벤치 이름의 설정이 제대로 되었는지 확인하는 작업을 한다. 이는 하나의 프로젝트 안에 여러 개의 테스트 벤치 소스 코드가 있을 경우 세팅 창에 표시된 소스 코드만 시뮬레이션을 진행하기 때문이다. OK 버튼을 클릭한 후 좌측 Simulation → Run Behavioral Simulation 버튼을 클릭하여 시뮬레이션을 진행한다.

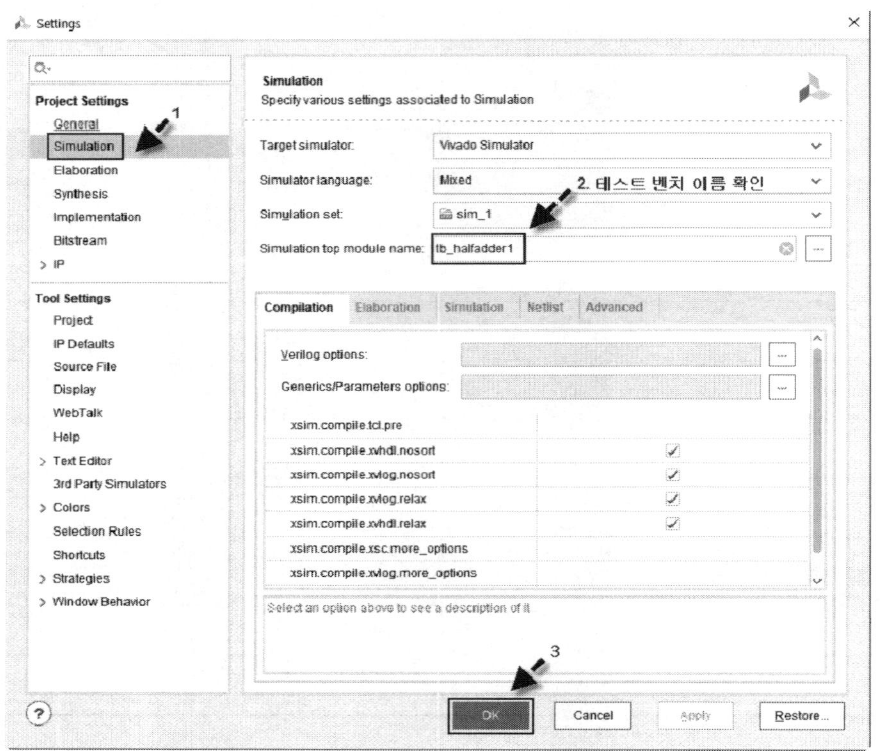

그림 2.25 테스트 벤치 소스 코드의 세팅 과정

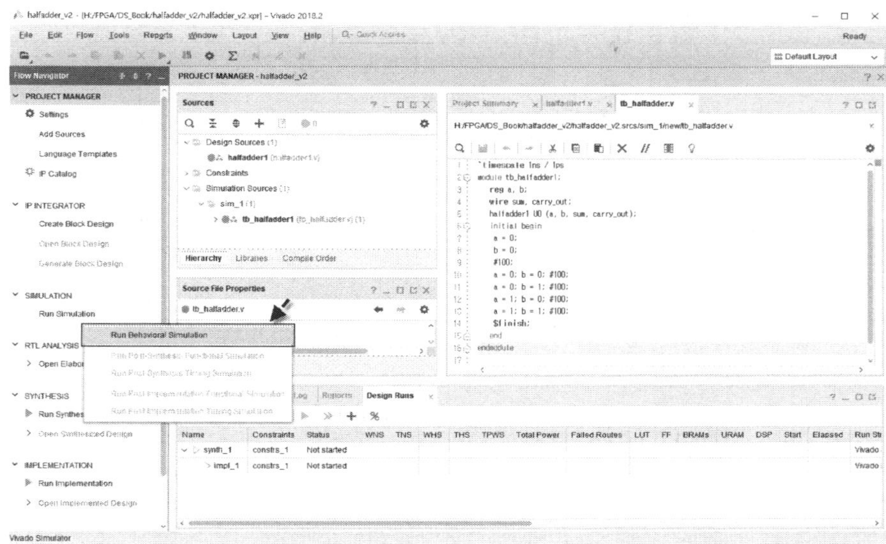

그림 2.26 시뮬레이션 실행 화면

시뮬레이션이 완료되면 그림 2.27과 같은 반가산기의 시뮬레이션 파형이 출력된다. 입력 a와 b는 반가산기의 피연산자이고 덧셈 연산에 의해서 정확한 sum과 carry_out을 출력한다. 시뮬레이션 파형의 검증이 끝나면 시뮬레이션 창을 닫고, 합성(Synthesis) 준비를 한다.

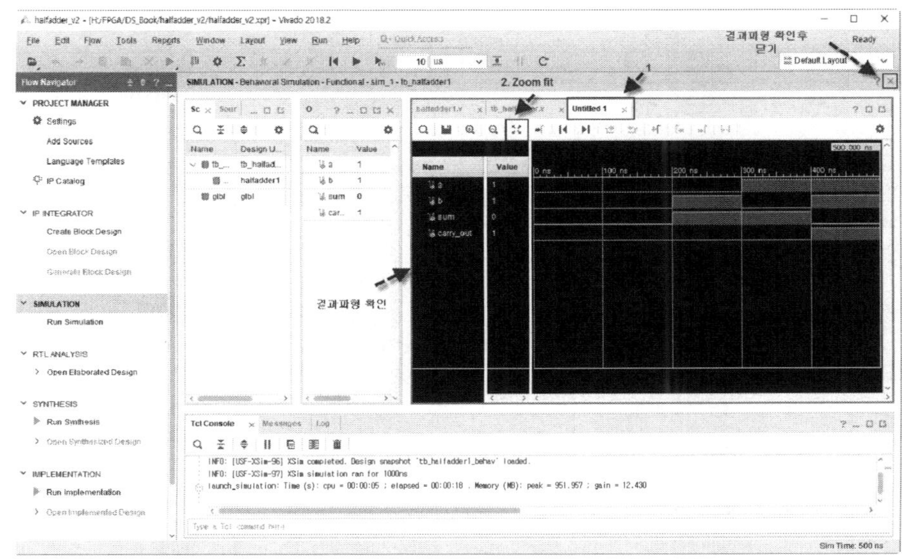

그림 2.27 시뮬레이션 파형

2.4 소스 코드의 합성(Synthesis)

소스 코드의 시뮬레이션 파형이 정확한 작동이 구동된다면 다음 단계인 합성 과정으로 넘어간다. 합성은 RTL(Register-Transfer Level)로 구현된 추상적인 회로를 실제 게이트들을 통해 구현하는 과정이다. 즉, 합성은 Verilog 또는 VHDL 코드를 디지털 논리 게이트인 인버터, NAND, NOR, XOR 등 게이트 레벨로 변환해주는 역할을 한다. 합성이 해주는 두 번째 일은 구현된 게이트와 블록들을 Standard Cell에 미리 선언되어있는 각각의 Cell들과 매칭을 시켜주는 것이다. Standard Cell이란 대부분의 디지털 연산에서 사용되는 인버터, NAND, NOR, D Flip Flop 등과 같은 기본적인 게이트들로 구성되어 있다. 반복적으로 사용되는 이런 게이트들을 반도체제조 회사에서는 디지털 라이브러리 즉 Standard Cell 라이브러리를 제공한다. Vivado 소프트웨어의 합성 과정은 다음과 같다.

좌측 메뉴 창에 Synthesis 버튼을 클릭하면 합성이 실행된다. 그림 2.29는 합성이 완료된 화면이다.

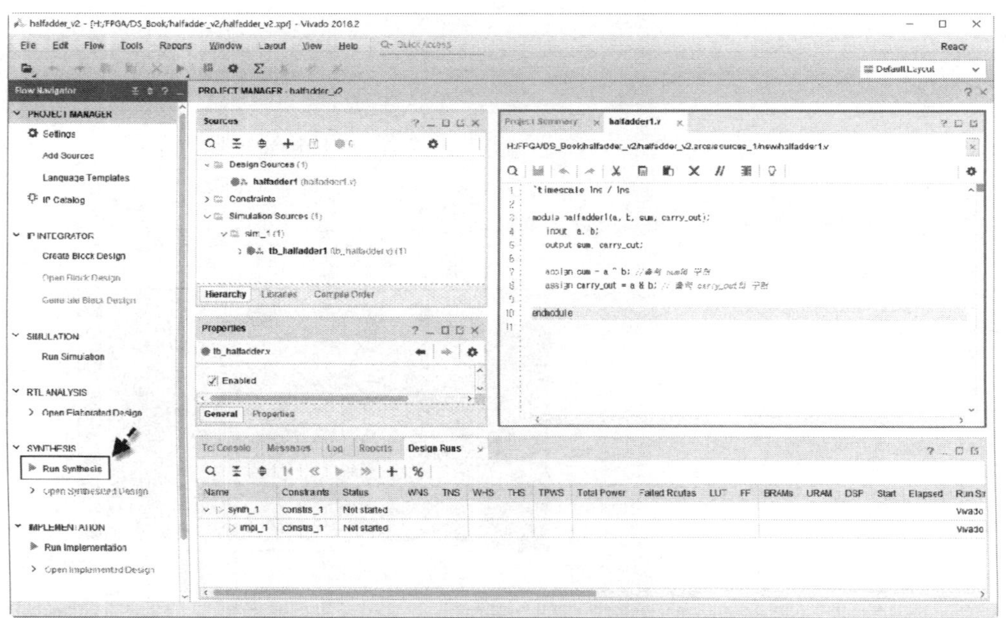

그림 2.28 Verilog 소스 코드의 합성

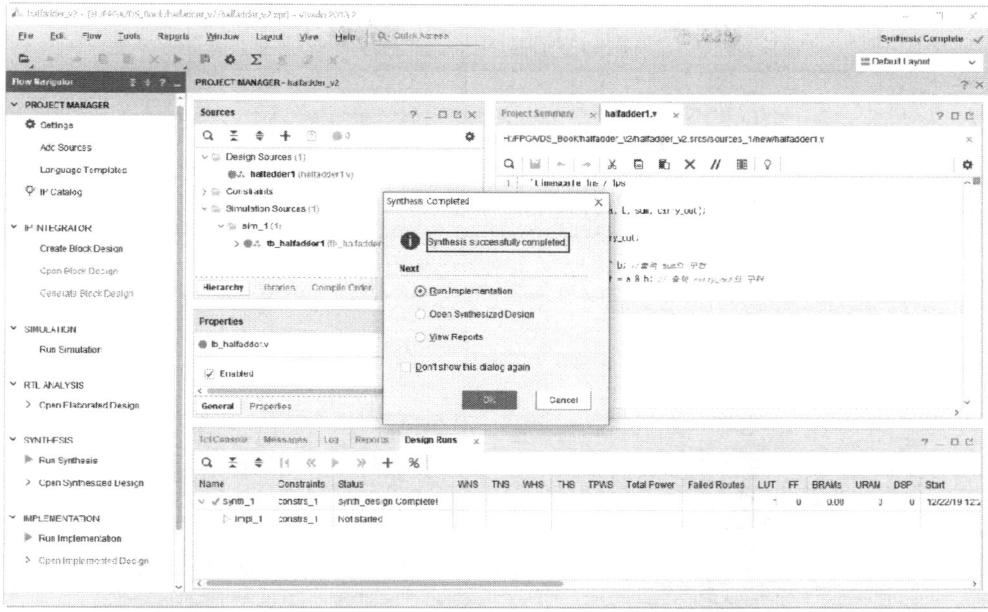

그림 2.29 Verilog 소스 코드의 합성이 완료된 화면

좌측 창의 Open Synthesized Design → Schematic 버튼을 클릭하면 디지털 논리 게이
트들로 합성된 결과를 볼 수 있다. 그림 2.30은 합성된 디자인의 Schematic 결과이다. 앞
서 설명한 합성의 정의를 그림으로 보여주었다. Verilog 언어로 설계된 코드가 디지털
논리 게이트들로 구현된 것을 확인할 수 있다.

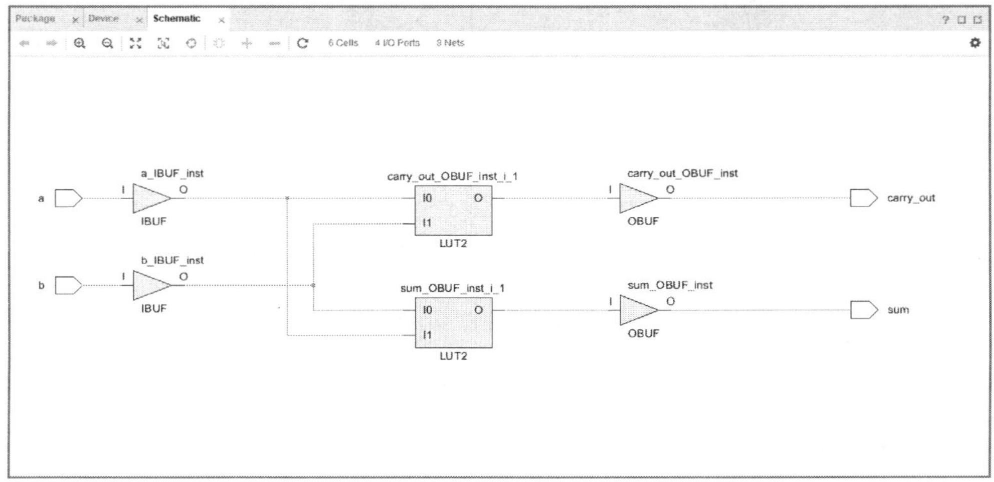

그림 2.30 합성 후의 Schematic 화면

2.5 FPGA Starter Kit III 개요

FPGA Starter Kit III(이하 FSK III)는 Xilinx 사의 최신 FPGA Device인 Artix-7을 적용한 FPGA 회로설계 검증용 장비로서 FPGA를 통한 교육과정 및 디지털 회로 설계 개발에 적합한 제품이다. FPGA는 Display, Switch, Memory, Expansion Port 등의 주변 회로를 활용하여 다양한 디지털 회로 설계 및 검증을 수행할 수 있다. 그림 2.31은 FSK III 보드의 사진이다.

그림 2.31　FPGA Starter Kit III Board

FSK III 보드의 특징은 아래와 같다.

① 75520 Logic Cell의 Xilinx Artix-7 Series XC7A75T FPGA Device 탑재

② USB to JTAG Module 적용으로 별도의 JTAG Cable 필요없음

③ USB to UART 적용으로 로직 회로 설계의 디버깅 편의성 제공

④ 16x2 Character LCD, 7-Segment 8Digit, 16bit LED Display 지원

⑤ RGB 444 VGA Port 및 Piezo Buzzer 지원

⑥ Push Button 6EA 및 DIP Switch 16EA 입력 지원

⑦ 256MB DDR3 SDRAM, 128KB SRAM, 128B I2C EEPROM, 128B SPI EEPROM
의 메모리 지원

⑧ PMOD 3Port, FMC LPC 1Port, XADC 1Port의 외부 확장 Port 지원

⑨ 회로 보호용 아크릴판 적용으로 PCB 회로 보호

2.6 Constraints 파일의 생성

실제 FSK III 보드에 프로그램을 넣고 동작 확인을 하려면 우선 실제 보드와 맞는 입력
과 출력 포트들에 대한 맵핑(mapping)을 해주어야 한다. FSK III 보드 핀에 대한 정보를
맵핑하여 실제 코드의 입력과 출력이 보드의 입력과 출력으로 구동되게 한다. 좌측 메뉴
창에 합성된 디자인(Open Synthesized Design) 버튼을 클릭하고 보드 핀에 대한 정보를
설정한다. 그림 2.32는 합성된 디자인 화면이다. 합성된 디자인 하단에 있는 메뉴 창에
Package Pins라는 메뉴가 없을 때 그림 2.32와 같이 Window → I/O Ports 버튼을 클릭
한다. 그림 2.33에서는 I/O Ports 메뉴 창이 표시된 것을 확인할 수 있다.

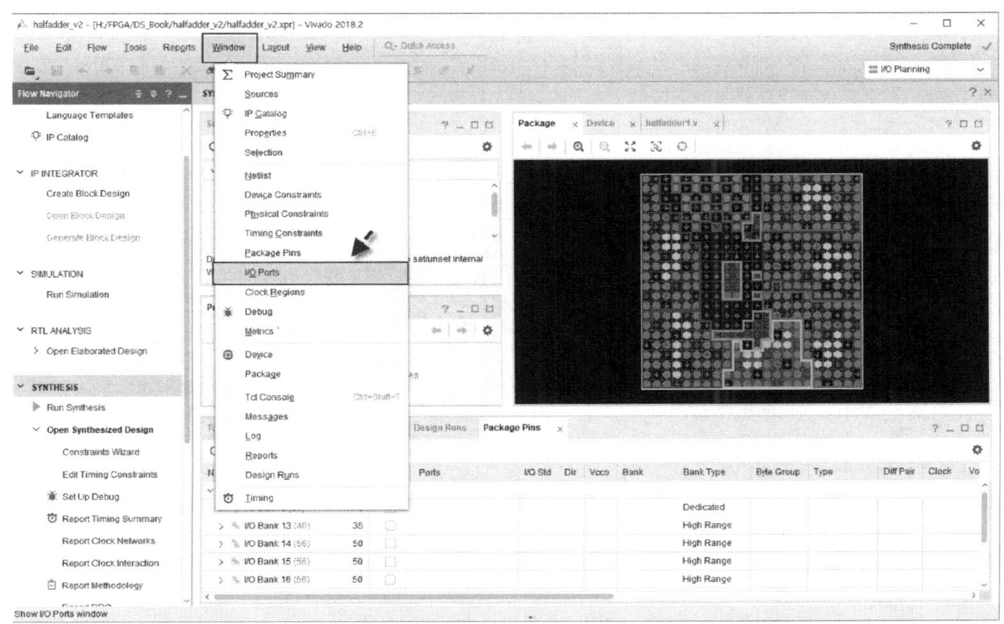

그림 2.32 합성된 디자인 및 I/O Ports 출력 과정

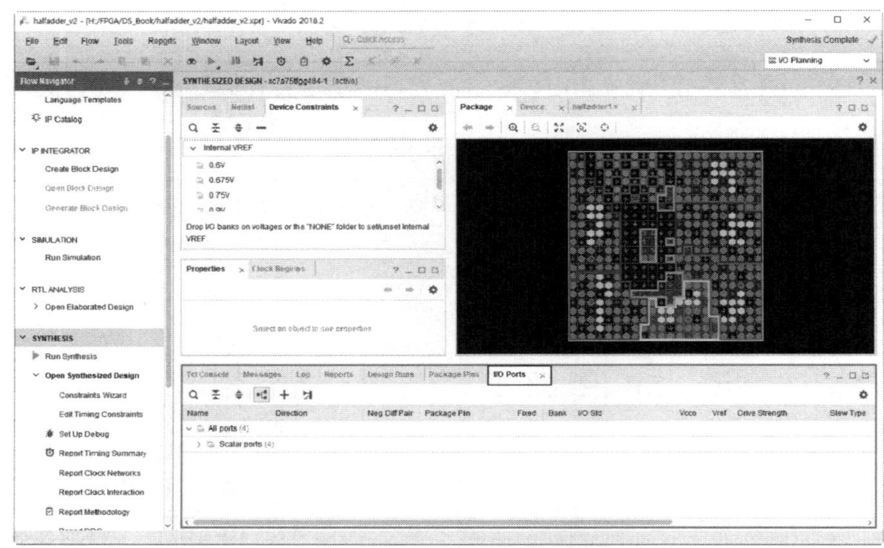

그림 2.33 I/O Ports 출력 화면

I/O Ports의 출력 하단의 **All ports**라는 메뉴를 클릭하여 입력과 출력에 대한 핀 정보를
할당해준다. **Package Pin** 창에 보드의 핀 정보를 입력하고 I/O Std 창에 LVCMOS18로
되어 있는 문구를 LVCMOS33으로 변경한다. 핀 정보의 입력이 완료되면 좌측 상단에
있는 저장 버튼을 클릭한다. 저장 버튼을 클릭하면 Constraints 파일의 이름을 설정하는
창이 뜨게 되는데 Constraints 파일 이름을 설정하고 OK 버튼을 클릭하면 된다.

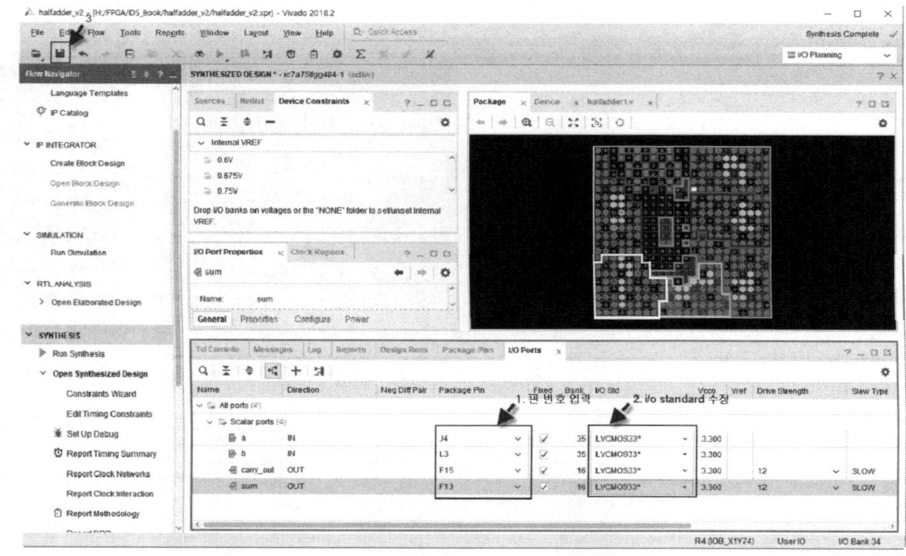

그림 2.34 I/O Ports 핀 설정 화면

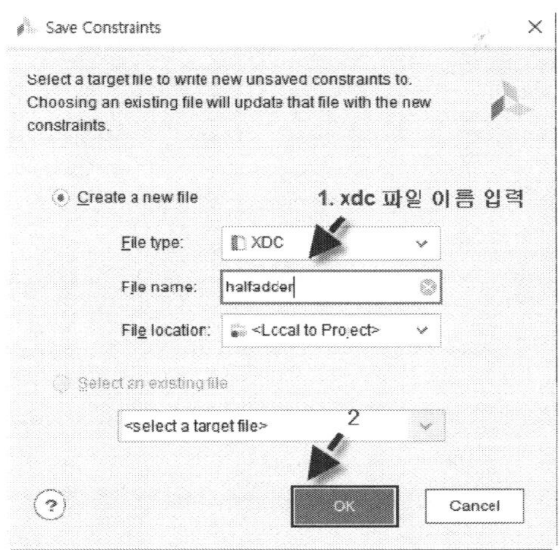

그림 2.35 Constraints 파일 이름 설정 화면

Constraints 파일 이름을 설정하고 우측 상단에 있는 합성된 디자인 창을 닫는다. Design Sources → Constraints → Constrs_1 창에 Constraints 파일이 생성된 것을 확인할 수 있다. 파일을 열고 설정한 핀 정보가 제대로 입력되었는지 재확인한다. 이 과정은 나중에 비트 파일을 생성할 때 시간이 오래 걸리는 것에 대비하여 실수를 줄이고자 하는 목적이다.

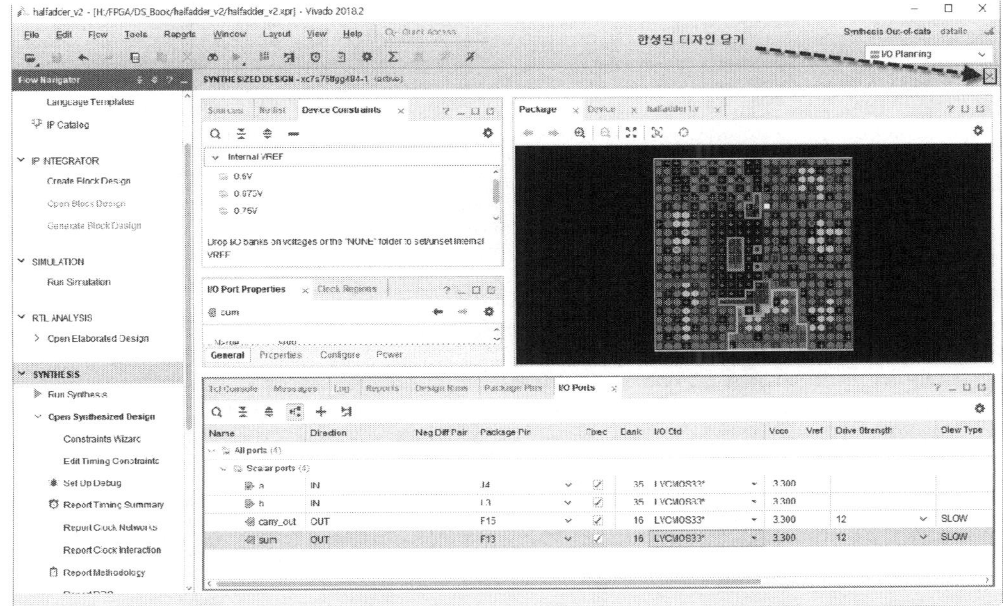

그림 2.36 Constraints 파일 이름 설정 후 디자인 화면 닫기

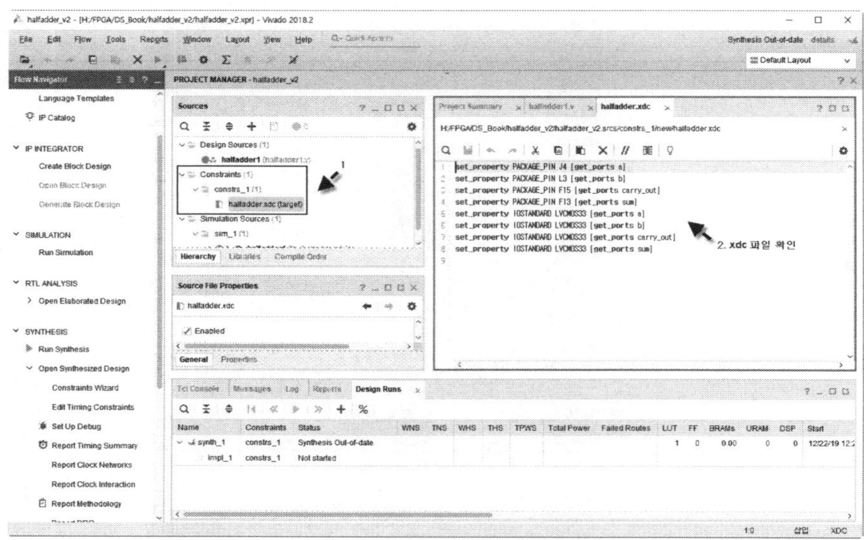

그림 2.37 Constraints 파일 정보 확인 화면

2.7 Bit 파일 생성 및 프로그램

FPGA에서 설계한 디지털 회로를 다운로드 하기 위해 Bit 파일을 만들어준다. Constraints 파일을 생성한 후에 좌측 하단에 있는 Generate Bitstream 버튼을 클릭한다. Bit 파일을 실행하는 과정은 그림 2.38과 같다. 그림 2.39는 Generate Bitstream 과정이 실행된 화면이다.

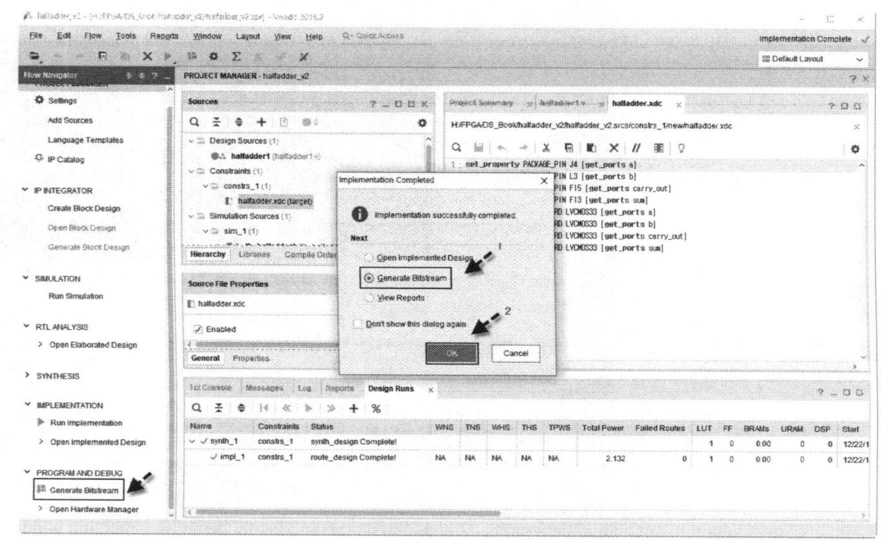

그림 2.38 Generate Bitstream 실행 화면

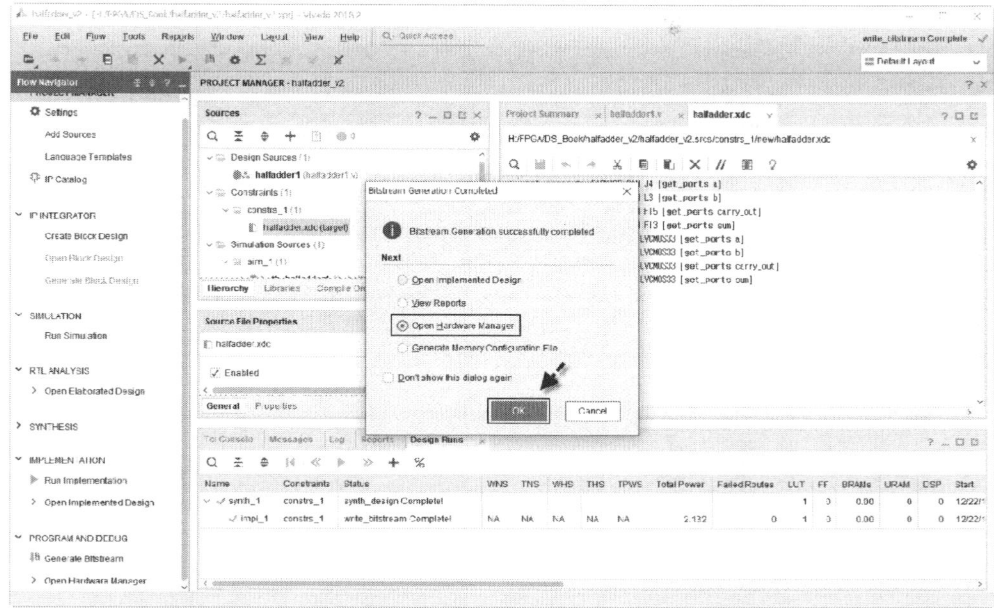

그림 2.39 Generate Bitstream 실행 완료 화면

Bit 파일 생성이 완료되면 그림 2.40과 같이 FPGA 보드를 컴퓨터와 연결한다. 처음 사용하는 컴퓨터는 USB 드라이버를 설치한다. USB 드라이버 설치가 완료되면 그림 2.41과 같이 컴퓨터와 FPGA 보드를 Vivado 소프트웨어에서 연결한다. FSK III 보드와 컴퓨터의 연결이 잘 되었다면 그림 2.42와 같이 FSK 보드 화면이 Vivado 소프트웨어 창에 표시된다.

그림 2.40 컴퓨터와 FSK III 보드를 연결한 화면

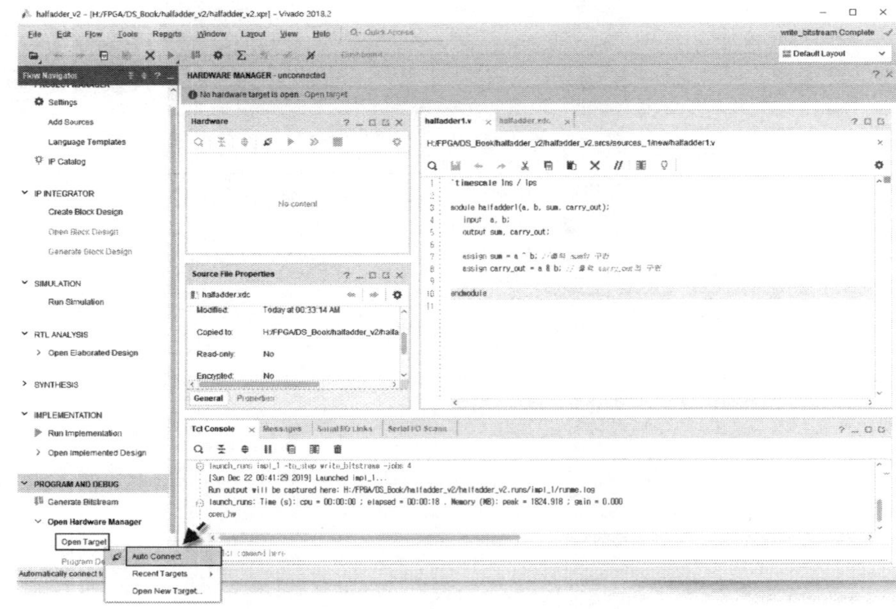

그림 2.41 컴퓨터와 FSK III 보드를 연결한 화면

FSK III 보드와 컴퓨터와의 연결이 끝나면 비트 파일을 FSK III 보드에 다운로드한다. 그림 2.42, 그림 2.43, 그림 2.44는 bit 파일을 다운로드 하는 화면이다.

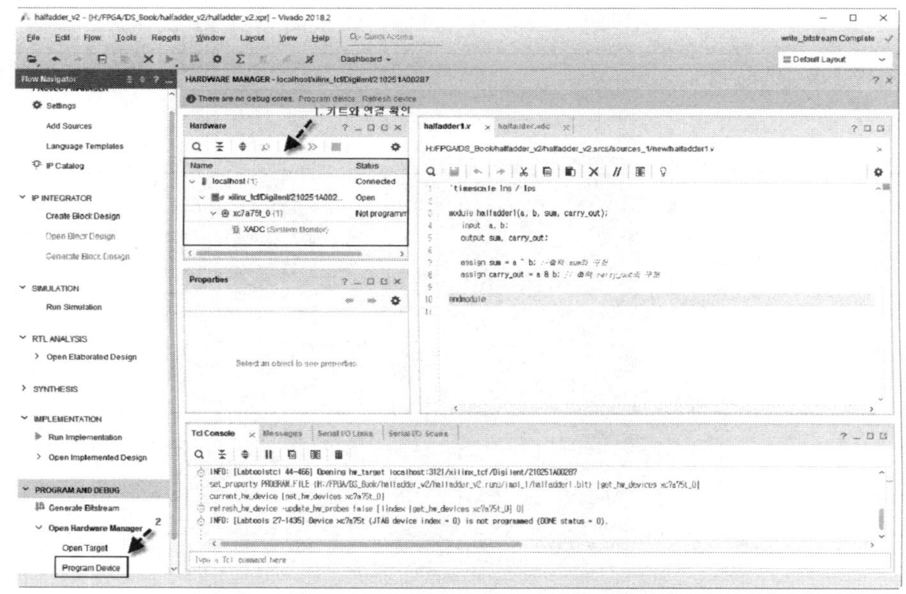

그림 2.42 비트 파일을 FSK III 보드에 다운로드 하는 화면

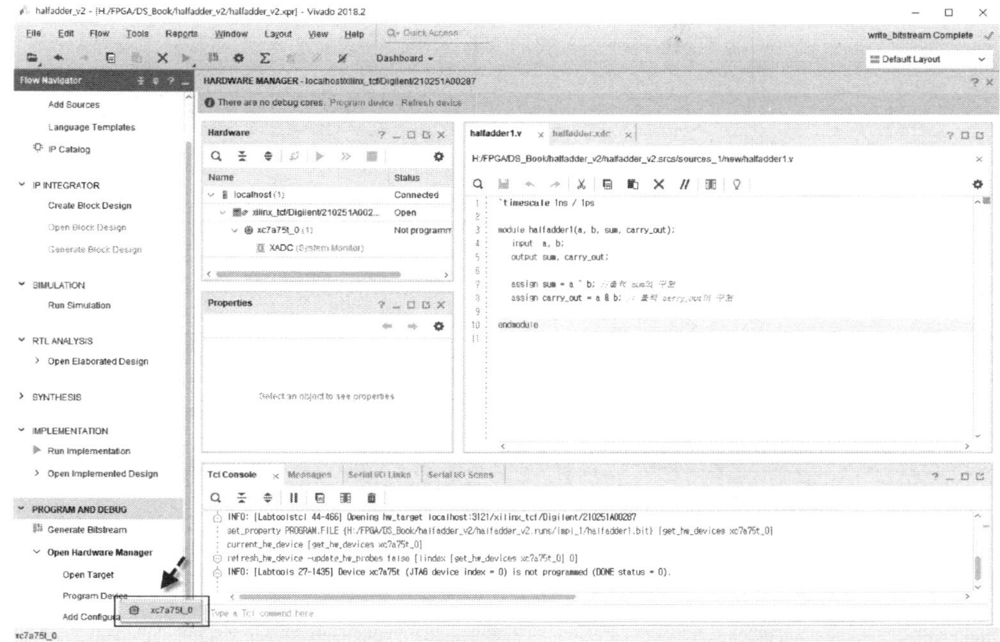

그림 2.43 비트 파일을 FSK III 보드에 다운로드 하는 화면

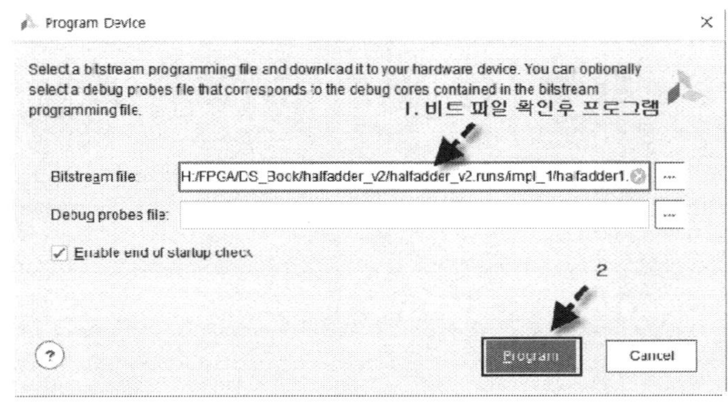

그림 2.44 비트 파일을 FSK III 보드에 다운로드 하는 화면

비트 파일을 프로그램한 후 FSK III 보드에서 작동 검증을 시작한다. 반가산기를 예제로 사용한 검증 단계에서 입력 a와 b는 DIP 스위치로 변경하여 디지털 신호 '0'과 '1'을 출력한다. 두 개의 스위치를 모두 올리고, 이때 a와 b의 값은 모두 '1'이므로, sum에 해당하는 LED의 불이 꺼지고 carry_out에 해당하는 LED는 불이 켜져 있으면 정확한 작동을 한 것이다. 반가산기의 진리표는 4가지의 케이스가 있기 때문에 나머지 세 가지 작동을 이어서 검증할 수 있다..

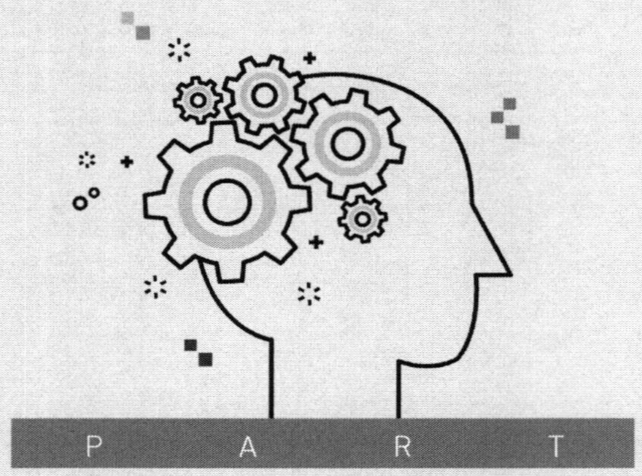

2

디지털 논리 회로 설계

3

반가산기

반가산기는 조합 논리 회로의 가장 기본적인 연산이다. 반가산기는 두 개의 입력과 두 개의 출력으로 구성된다. 그림 3.1은 반가산기의 블록도이다. 반가산기의 출력 sum은 두 개의 입력이 더해진 결과를 입력 두 개의 XOR 논리 게이트로 구현하고, 출력 carry_out은 아랫자리에서 올라오는 캐리 값을 AND 논리 게이트로 구현하였다. 반가산기의 진리표는 표 3.1과 같다.

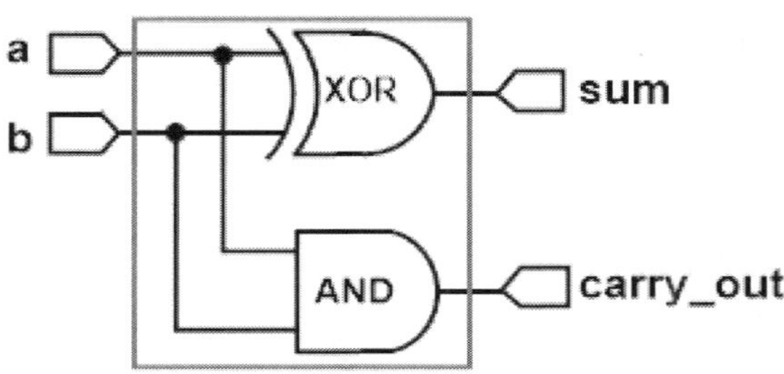

그림 3.1 반가산기의 회로도

표 3.1 반가산기의 진리표

a	b	sum	carry_out
0	0	0	0
0	1	1	0
1	0	1	0
1	1	0	1

코드 3-1. 반가산기의 Verilog 코드 – 구조적 모델링

```verilog
module halfadder1(a, b, sum, carry_out);
    input  a, b;
    output sum, carry_out;

    assign sum = a ^ b; //출력 sum의 구현
    assign carry_out = a & b; // 출력 carry_out의 구현

endmodule
```

그림 3.2 반가산기의 Verilog 코드

그림 3.2는 반가산기의 회로도를 Verilog 코드로 구현하였다. 출력 sum과 carry_out은 assign 문으로 논리 게이트 XOR와 AND로 구현하였다. 그림 3.3은 반가산기의 진리표를 Verilog 코드로 구현하였다. Case 문을 사용하여 주어진 입력의 값에 의해 출력값을 전달하는 방식이다. 단, 입력이 2'b11 일 때는 '1'과 '1'을 덧셈한 결과이므로, 2'b10 이 구동되도록 Verilog 코드로 설계하였다.

코드 3-2. 반가산기의 Verilog 코드 – 진료표에 의한 모델링

```verilog
module halfadder2(a, b, sum, carry_out);
   input  a, b;
   output sum, carry_out;
   wire [1:0] d_in;
   reg [1:0] d_out;

   assign d_in = {a, b}; //결합문으로 두 개의 입력을 묶음.
   assign carry_out = d_out[1];
   assign sum = d_out[0];

   always@(d_in)
        case(d_in)
        2'b00 : d_out= 2'b00;
        2'b01 : d_out= 2'b01;
        2'b10 : d_out= 2'b01;
        default: d_out= 2'b10;
        endcase

endmodule
```

그림 3.3 반가산기의 Verilog 코드

그림 3.4는 반가산기 테스트 벤치의 Verilog 코드이다. 반가산기 진리표의 입력을 100ns 단위로 구현을 하고 시뮬레이션을 하였다. 그림 3.5는 테스트 벤치를 구동한 시뮬레이션 파형이다. 그림에서 보여주는 바와 같이 두개 입력의 더해진 값이 정확한 결과가 출력되는 것을 확인할 수 있다.

코드 3-3. 반가산기의 테스트 벤치 코드

```verilog
`timescale 1ns / 1ps

module tb_halfadder1; //테스트 벤치 모듈 선언부에 ()가 없음을 확인.

    reg a, b; //테스트 벤치 모듈의 입력 포트 선언 - input 명령어를 reg로 대체함.
    wire sum, carry_out; //테스트 벤치 모듈의 출력 포트 선언 - output 명령어를
                         wire로 대체함.

    halfadder1 U0 (a, b, sum, carry_out);

    initial begin
        // Initialize Inputs
        a = 0;
        b = 0;
        #100;
        a = 0; b = 0; #100;
        a = 0; b = 1; #100;
        a = 1; b = 0; #100;
        a = 1; b = 1; #100;
        $finish;
    end

endmodule
```

그림 3.4 반가산기의 테스트 벤치 코드

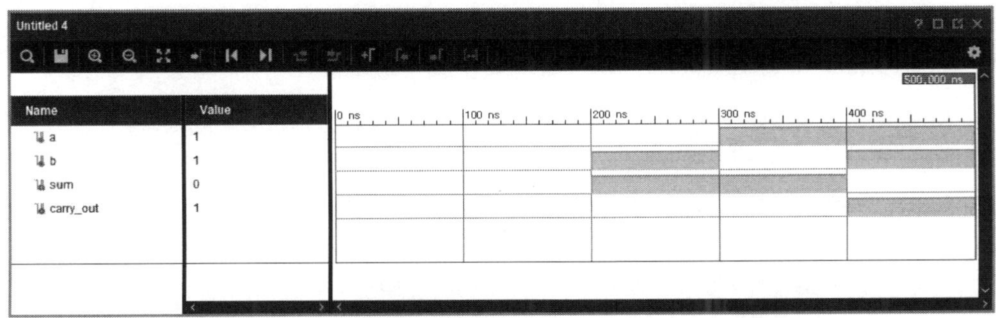

그림 3.5 반가산기의 시뮬레이션 파형

시뮬레이션이 끝나면 실습 보드를 활용하여 동작 검증을 시작한다. 실습 보드의 DIP 스위치로 입력 신호를 할당하고 LED에 출력 신호를 할당한다. 표 3.2는 입력 신호와 출력 신호의 핀 할당 정보이다. 아래 정보를 가지고 Verilog 코드를 합성 후에 xdc 파일을 작성하여 핀 정보를 설정해준다. 핀 설정이 끝나면 Implementation과 Bitstream 파일을 생성하고, 실습 보드와 컴퓨터를 연결하여 (name).bit 파일을 실습 보드에 프로그램한다.

비트 파일을 프로그램하고 스위치와 LED를 사용하여 동작 검증을 한다. 스위치를 올리면 입력 신호 '1'이 감지되고 내리면 입력 신호 '0'이 감지된다. 이때 반가산기의 덧셈 결과는 LED에 표시되는데 LED에 녹색등이 켜질 경우, 신호 '1'이 감지되고 LED에 불이 꺼지면 신호 '0'이 감지된다.

표 3.2 신호 이름과 할당된 입/출력 핀

신호 이름	입/출력	장치 종류	키트 이름	핀 번호
a	입력	DIP 스위치	SW1	J4
b	입력	DIP 스위치	SW2	L3
sum	출력	LED	LD1	F15
carry_out	출력	LED	LD2	F13

■ 반가산기의 실습 과정

① Vivado 소프트웨어를 실행시키고 project 파일을 생성한다. - (2장 2.1절 참조)

② Verilog 코드를 작성하고 시뮬레이션을 진행한다. - (2장 2.2절, 2.3절 참조)

③ 시뮬레이션 파형의 작동을 확인 후에 합성을 진행한다. - (2장 2.4절 참조)

④ 합성된 디자인을 열고 핀 정보를 할당하고 xdc 파일을 생성한다. - (2장 2.6절 참조)

⑤ Implementation과 Bitstream 과정을 진행하여 bit 파일을 생성한다. - (2장 2.7절 참조)

⑥ 실습 보드에 bit 파일을 로딩한다. - (2장 2.7절 참조)

⑦ 보드의 입력과 출력장치를 활용하여 동작 검증을 한다. 보드의 SW1과 SW2의 입력을 변경하여 LED 출력을 관찰하고 동작 검증을 한다.

4

전가산기

전가산기는 조합 논리 회로의 가장 기본적인 연산이다. 반가산기는 두 개의 입력 덧셈 연산을 하지만 전가산기는 세 개의 입력 덧셈 연산을 한다. 전가산기는 세 개의 입력과 두 개의 출력으로 구성된다. 그림 4.1은 전가산기의 블록도이다. 전가산기의 출력 sum은 세 개의 입력이 더해진 결과를 두 개의 반가산기를 활용하여 구현하고, 출력 carry_out은 두 개의 반가산기의 캐리 값의 OR 함수로 구현하였다. 전가산기의 진리표는 표 4.1과 같다.

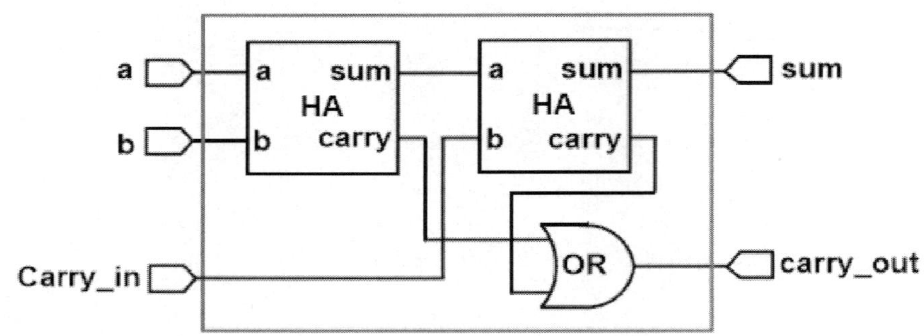

그림 4.1 전가산기의 회로도

표 4.1 전가산기의 진리표

carry_in	a	b	sum	carry_out
0	0	0	0	0
0	0	1	1	0
0	1	0	1	0
0	1	1	0	1
1	0	0	1	0
1	0	1	0	1
1	1	0	0	1
1	1	1	1	1

📥 **코드 4-1. 전가산기의 Verilog 코드 – 구조적 모델링**

```verilog
module fulladder1(a, b, carry_in, sum, carry_out);
   input  a, b, carry_in;
   output sum, carry_out;
   wire   temp_sum, temp_c1, temp_c2;

   halfadder1 u0 ( .a(a),
                   .b(b),
                   .sum(temp_sum),
                   .carry_out(temp_c1)
                 );

   halfadder1 u1 ( .a(temp_sum),
                   .b(carry_in),
                   .sum(sum),
                   .carry_out(temp_c2)
                 );

   or u2 (carry_out, temp_c1, temp_c2);

endmodule
```

그림 4.2 전가산기의 Verilog Code

그림 4.2는 전가산기의 회로도를 Verilog 코드로 구현하였다. 출력 sum과 carry_out은 구조적 모델링으로 소스 코드를 설계하였다. 그림 4.3은 전가산기의 진리표를 Verilog 코드로 구현하였다. Case 문을 사용하여 주어진 입력의 값에 의해 출력 값을 전달하는 방식이다.

📥 **코드 4-2. 전가산기의 Verilog 코드 – 진료표에 의한 모델링**

```verilog
module fulladder1(a, b, carry_in, sum, carry_out);
    input a;
    input b;
    input carry_in;
    output sum;
    output carry_out;
    wire [2:0] d_in;
    reg [1:0] d_out;

    assign d_in= {x, y, c_in};
    assign carry_out= d_out[1];
    assign sum_out= d_out[0];

    always@(d_in)
        case(d_in)
        3'b000 : d_out= 2'b00;
        3'b001 : d_out= 2'b01;
        3'b010 : d_out= 2'b01;
        3'b011 : d_out= 2'b10;
        3'b100 : d_out= 2'b01;
        3'b101 : d_out= 2'b10;
        3'b110 : d_out= 2'b10;
        default: d_out= 2'b11;
        endcase
endmodule
```

그림 4.3 전가산기의 Verilog 코드

그림 4.4는 전가산기 테스트 벤치의 Verilog 코드이다. 전가산기 진리표의 입력을 100ns 단위로 구현을 하고 시뮬레이션을 하였다. 그림 4.5는 테스트 벤치를 구동한 시뮬레이션 파형이다. 그림에서 보여주는 바와 같이 입력의 더해진 값의 정확한 결과가 출력되는 것을 확인할 수 있다.

⬇ 코드 4-3. 전가산기의 테스트 벤치 코드

```verilog
`timescale 1ns / 1ps

module tb_fulladder1;

reg a,b, carry_in;
wire sum, carry_out;

fulladder1 U0 (a, b, carry_in, sum, carry_out);

initial begin
        // Initialize Inputs
        a = 0;
        b = 0;
        carry_in = 0;
        //
        #100;
        a = 0; b = 0; carry_in = 0;  #100;
        a = 0; b = 1; carry_in = 0;  #100;
        a = 1; b = 0; carry_in = 0;  #100;
        a = 1; b = 1; carry_in = 0;  #100;
        a = 0; b = 0; carry_in = 1;  #100;
        a = 0; b = 1; carry_in = 1;  #100;
        a = 1; b = 0; carry_in = 1;  #100;
        a = 1; b = 1; carry_in = 1;  #100;
        $finish;
end

endmodule
```

그림 4.4 전가산기의 테스트 벤치 코드

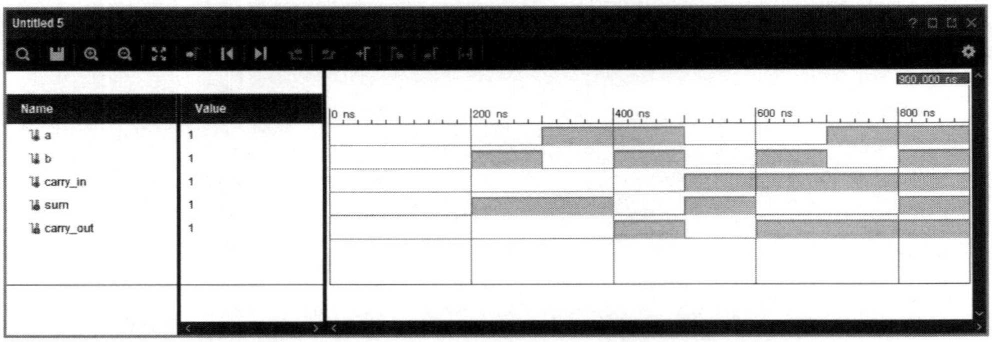

그림 4.5 전가산기의 시뮬레이션 파형

시뮬레이션이 끝나면 실습 보드를 활용하여 동작 검증을 시작한다. 실습 보드의 DIP 스위치로 입력 신호를 할당하고 LED에 출력 신호를 할당한다. 표 4.2는 입력 신호와 출력 신호의 핀 할당 정보이고, 이 정보를 가지고 Verilog 코드를 합성 후에 xdc 파일을 작성하여 핀 정보를 설정해준다. 핀 설정이 끝나면 Implementation과 Bitstream 파일을 생성하고, 실습 보드와 컴퓨터를 연결하여 (name).bit 파일을 실습 보드에 로딩(loading)한다.

비트 파일을 로딩하고 스위치와 LED를 사용하여 동작 검증을 한다. 스위치를 올리면 입력 신호 '1'이 감지되고 내리면 입력 신호 '0'이 감지된다. 이때 전가산기의 덧셈 결과는 LED에 표시되는데 LED에 녹색등이 켜질 경우, 신호 '1'이 감지되고 LED에 불이 꺼지면 신호 '0'이 감지된다.

표 4.2 신호 이름과 할당된 입/출력 핀

신호 이름	입/출력	장치 종류	키트 이름
a	입력	DIP 스위치	SW1
b	입력	DIP 스위치	SW2
carry_in	입력	DIP 스위치	SW3
sum	출력	LED	LD1
carry_out	출력	LED	LD2

■ 전가산기의 실습 과정

① Vivado 소프트웨어를 실행시키고 project 파일을 생성한다. - (2장 2.1절 참조)

② Verilog 코드를 작성하고 시뮬레이션을 진행한다. - (2장 2.2절, 2.3절 참조)

③ 시뮬레이션 파형의 작동을 확인 후에 합성을 진행한다. - (2장 2.4절 참조)

④ 합성된 디자인을 열고 핀 정보를 할당하고 xdc 파일을 생성한다. - (2장 2.6절 참조)

⑤ Implementation과 Bitstream 과정을 진행하여 bit 파일을 생성한다. - (2장 2.7절 참조)

⑥ 실습 보드에 bit 파일을 로딩한다. - (2장 2.7절 참조)

⑦ 보드의 입력과 출력장치를 활용하여 동작 검증을 한다. 보드의 SW1, SW2, SW3의 입력을 변경하여 LED 출력을 관찰하고 동작 검증을 한다.

5

디코더와 인코더

디코더는 n개의 입력을 받아 최대 2^n개의 출력을 발생시키는 회로이다. 본 장에서는 3x8 디코더를 예제로 Verilog 코드를 작성하고 설계한다. 3 x 8 디코더는 입력이 3개이 므로 최대 8개의 출력을 발생시킨다. 세 개의 입력 신호의 조합에 따라 출력 신호는 8개 의 8-bit 값을 가진다. 출력 8개 중 하나의 출력 신호만 '1'이고 나머지 신호들은 '0'이다. 그림 5.1은 3 x 8 디코더의 블록도이고 표 5.1은 3 x 8 디코더의 진리표이다.

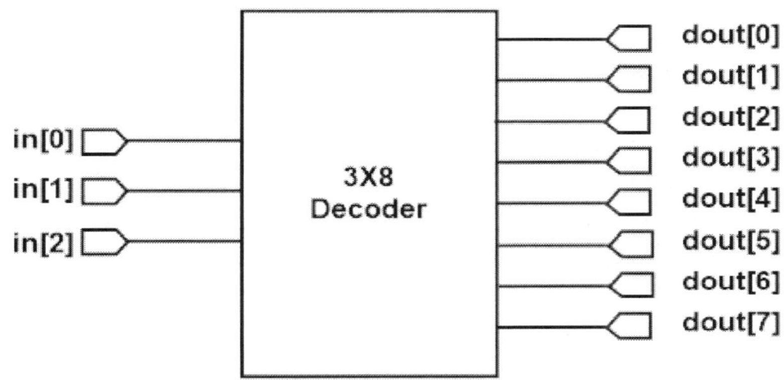

그림 5.1　3 x 8 디코더의 블록도

표 5.1　3 x 8 디코더의 진리표

in1[2]	in1[1]	in1[0]	dout[7]	dout[6]	dout[5]	dout[4]	dout[3]	dout[2]	dout[1]
0	0	0	0	0	0	0	0	0	0
0	0	1	0	0	0	0	0	0	1
0	1	0	0	0	0	0	0	1	0
0	1	1	0	0	0	0	1	0	0
1	0	0	0	0	0	1	0	0	0
1	0	1	0	0	1	0	0	0	0
1	1	0	0	1	0	0	0	0	0
1	1	1	1	0	0	0	0	0	0

> **코드 5–1. 3 x 8 디코더의 Verilog 코드 – case 문**
>
> ```verilog
> module dec_3x8(in1, dout);
>    input  [2:0] in1;
>    output [7:0] dout;
>    reg    [7:0] dout;
>
> always @(in1) begin
>    case (in1)
>       0 : dout = 8'b00000001;
>       1 : dout = 8'b00000010;
>       2 : dout = 8'b00000100;
>       3 : dout = 8'b00001000;
>       4 : dout = 8'b00010000;
>       5 : dout = 8'b00100000;
>       6 : dout = 8'b01000000;
>       7 : dout = 8'b10000000;
>      default: dout = 8'bx;
>    endcase
>  end
> endmodule
> ```

그림 5.2 case 문을 사용한 3 x 8 디코더의 Verilog 코드

그림 5.2와 5.3은 3 x 8 디코더를 구현한 Verilog 코드이다. 그림 5.2는 case 문을 사용하여 코드를 작성하였고 그림 5.3은 if 문을 사용하여 3 x 8 디코더를 설계하였다.

> **코드 5–2. 3 x 8 디코더의 Verilog 코드 – if 문**
>
> ```verilog
> `timescale 1ns / 1ps
> module dec_3x8_v2 (in1, dout);
>    input  [2:0] in1;
>    output [7:0] dout;
>    reg    [7:0] dout;
>
>   always @(in1) begin
> ```

```verilog
        if(in1 == 0)              dout = 8'b00000001;
        else if(in1 ==1) dout = 8'b00000010;
        else if(in1 ==2) dout = 8'b00000100;
        else if(in1 ==3) dout = 8'b00001000;
        else if(in1 ==4) dout = 8'b00010000;
        else if(in1 ==5) dout = 8'b00100000;
        else if(in1 ==6) dout = 8'b01000000;
        else              dout = 8'b10000000;
    end
endmodule
```

그림 5.3 if 문을 사용한 3 x 8 디코더의 Verilog 코드

그림 5.4는 3 x 8 디코더의 테스트 벤치 Verilog 코드이다. 디코더의 입력을 100ns 단위로 구현을 하고 시뮬레이션을 하였다. 그림 3.5는 테스트 벤치를 구동한 시뮬레이션 파형이다. 그림과 같이 8가지 입력에 의한 8개의 출력 파형이 나오는 것을 확인할 수 있다.

코드 5-3. 3 x 8 디코더의 테스트 벤치 코드

```verilog
`timescale 1ns / 1ps

module tb_dec_3x8;

reg [2:0] in1;
wire [7:0] dout;

dec_3x8 U0 (in1, dout);

initial begin
        // Initialize Inputs
        in1 = 3'b000;
        //
        #100;
        in1 = 3'b000; #100;
        in1 = 3'b001;  #100;
```

```
        in1 = 3'b010; #100;
        in1 = 3'b011; #100;
        in1 = 3'b100; #100;
        in1 = 3'b101; #100;
        in1 = 3'b110; #100;
        in1 = 3'b111; #100;
        $finish;
    end

    endmodule
```

그림 5.4 3 x 8 디코더의 테스트 벤치 코드

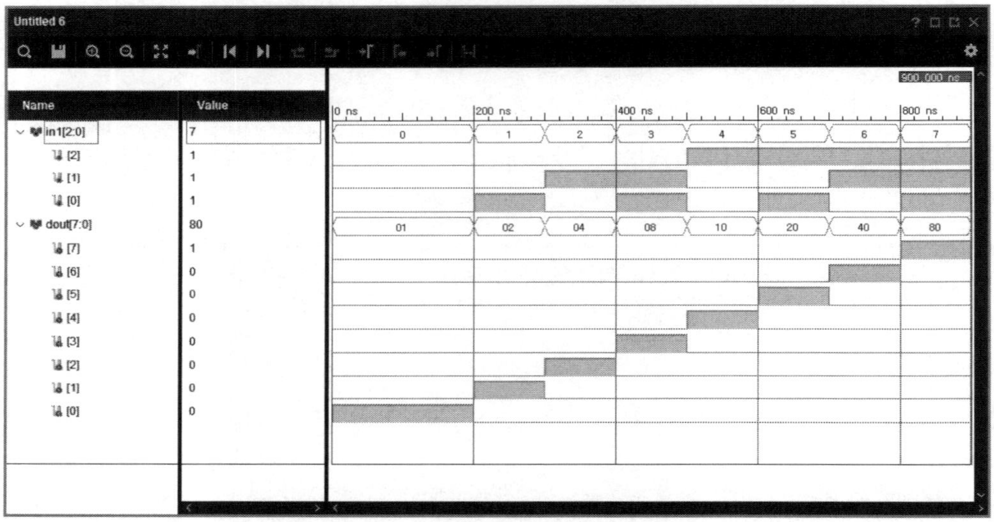

그림 5.5 3 x 8 디코더의 시뮬레이션 파형

시뮬레이션이 끝나면 실습 보드를 활용하여 동작 검증을 시작한다. 실습 보드의 DIP 스위치로 입력 신호를 할당하고 LED에 출력 신호를 할당한다. 표 5.2는 입력 신호와 출력 신호의 핀 할당 정보이다. 아래 정보를 가지고 Verilog 코드를 합성 후에 xdc 파일을 작성하여 핀 정보를 설정해준다. 핀 설정이 끝나면 Implementation과 Bitstream 파일을 생성하고, 실습 보드와 컴퓨터를 연결하여 (name).bit 파일을 실습 보드에 로딩한다.

비트 파일을 로딩하고 스위치와 LED를 사용하여 동작 검증을 한다. 스위치를 올리면 입력 신호 '1'이 감지되고 내리면 입력 신호 '0'이 감지된다. 이때 3 x 8 디코더의 출력은

LED에 표시되는데 LED에 녹색등이 켜질 경우, 신호 '1'이 감지되고 LED에 불이 꺼지면 신호 '0'이 감지된다.

표 5.2 신호 이름과 할당된 입/출력 핀

신호 이름	입/출력	장치 종류	키트 이름	핀 번호
in[0]	입력	DIP 스위치	SW1	J4
in[1]	입력	DIP 스위치	SW2	L3
in[2]	입력	DIP 스위치	SW3	K3
dout[0]	출력	LED	LD1	F15
dout[1]	출력	LED	LD2	F13
dout[2]	출력	LED	LD3	F14
dout[3]	출력	LED	LD4	F16
dout[4]	출력	LED	LD5	E17
dout[5]	출력	LED	LD6	C14
dout[6]	출력	LED	LD7	C15
dout[7]	출력	LED	LD8	E13

인코더는 디코더와 반대로 2^n개의 입력을 받아 인코딩된 n개의 출력을 발생시키는 회로이다. 본 장에서는 8 x 3 인코더를 예제로 Verilog 코드를 작성하고 설계하였다. 8개의 입력 신호의 조합에 따라 출력 신호는 8개의 3-bit 값을 가진다. 인코더의 입력 8개중 하나의 입력 신호만 '1'이고 나머지 입력 신호는 '0'이다. 그림 5.6은 8 x 3 인코더의 블록도이고 표 5.3은 8 x 3 인코더의 진리표이다.

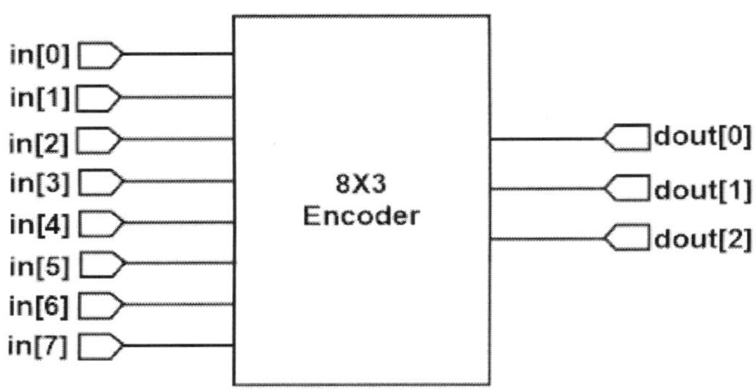

그림 5.6 8 x 3 인코더의 블록도

표 5.3 8 x 3 인코더의 진리표

in1[0]	in1[1]	in1[2]	in1[3]	in1[4]	in1[5]	in1[6]	in1[7]	dout[2]	dout[1]	dout[0]
1	0	0	0	0	0	0	0	0	0	0
0	1	0	0	0	0	0	0	0	0	1
0	0	1	0	0	0	0	0	0	1	0
0	0	0	1	0	0	0	0	0	1	1
0	0	0	0	1	0	0	0	1	0	0
0	0	0	0	0	1	0	0	1	0	1
0	0	0	0	0	0	1	0	1	1	0
0	0	0	0	0	0	0	1	1	1	1

📥 코드 5-4. 8 x 3 인코더의 Verilog 코드 – case 문

```verilog
`timescale 1ns / 1ps

module enc_8x3(in1, dout);
   input  [7:0] in1;
   output [2:0] dout;
   reg    [2:0] dout;

always @(in1) begin
   case (in1)
      8'h01 : dout = 3'b000;
      8'h02 : dout = 3'b001;
      8'h04 : dout = 3'b010;
      8'h08 : dout = 3'b011;
      8'h10 : dout = 3'b100;
      8'h20 : dout = 3'b101;
      8'h40 : dout = 3'b110;
      8'h80 : dout = 3'b111;
     default: dout = 3'bx;
   endcase
  end
endmodule
```

그림 5.7 case 문을 사용한 8 x 3 인코더의 Verilog 코드

그림 5.7은 8 x 3 인코더의 블록도를 Verilog 코드로 구현하였다. 그림 5.7은 case 문을 사용하여 코드를 작성하였다.

그림 5.8은 8 x 3 인코더의 테스트 벤치 Verilog 코드이다. 인코더의 입력을 100ns 단위로 구현을 하고 시뮬레이션을 하였다. 그림 5.9는 테스트 벤치를 구동한 시뮬레이션 파형이다. 그림과 같이 8가지 입력에 의한 8개의 출력 파형이 나오는 것을 확인할 수 있다.

코드 5-5. 8 x 3 인코더의 테스트 벤치 코드

```verilog
`timescale 1ns / 1ps

module tb_enc_8x3;

reg [7:0] in1;
wire [2:0] dout;

enc_8x3 U0 (in1, dout);

initial begin
        // Initialize Inputs
        in1 = 8'b00000000;
        //
        #100;
        in1 = 8'b00000001; #100;
        in1 = 8'b00000010; #100;
        in1 = 8'b00000100; #100;
        in1 = 8'b00001000; #100;
        in1 = 8'b00010000; #100;
        in1 = 8'b00100000; #100;
        in1 = 8'b01000000; #100;
        in1 = 8'b10000000; #100;
        $finish;
end

endmodule
```

그림 5.8 8 x 3 인코더의 테스트벤치 코드

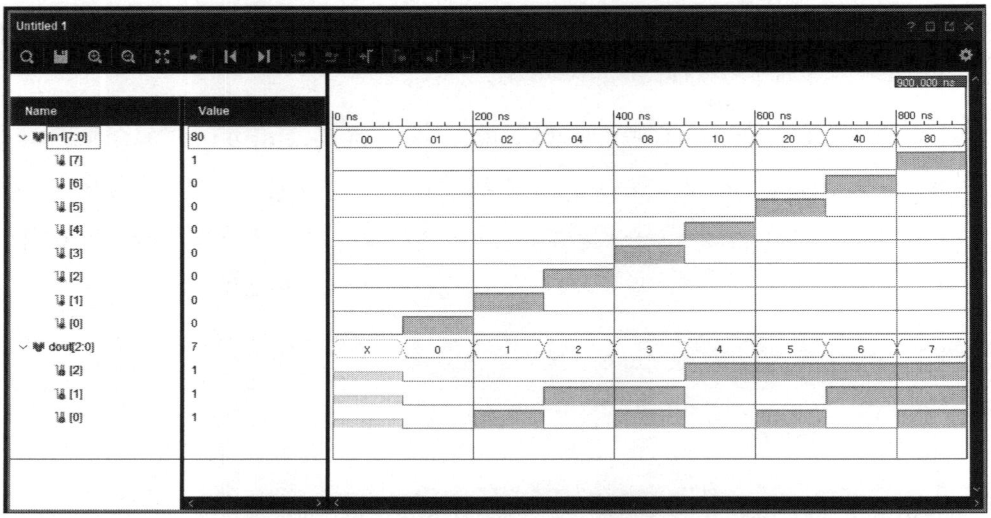

그림 5.9 8 x 3 인코더의 시뮬레이션 파형

시뮬레이션이 끝나면 실습 보드를 활용하여 동작 검증을 시작한다. 실습 보드의 DIP 스위치로 입력 신호를 할당하고 LED에 출력 신호를 할당한다. 표 5.4는 입력 신호와 출력 신호의 핀 할당 정보이다. 아래 정보를 가지고 Verilog 코드를 합성 후에 xdc 파일을 작성하여 핀 정보를 설정해준다. 핀 설정이 끝나면 Implementation과 Bitstream 파일을 생성하고, 실습 보드와 컴퓨터를 연결하여 (name).bit 파일을 실습 보드에 로딩한다.

비트 파일을 프로그램하고 스위치와 LED를 사용하여 동작 검증을 한다. 스위치를 올리면 입력 신호 '1'이 감지되고 내리면 입력 신호 '0'이 감지된다. 이때 8 x 3 디코더의 출력은 LED에 표시되는데 LED에 녹색등이 켜질 경우, 신호 '1'이 감지되고 LED에 불이 꺼지면 신호 '0'이 감지된다.

표 5.4 신호 이름과 할당된 입/출력 핀

신호 이름	입/출력	장치 종류	키트 이름	핀 번호
in[0]	입력	DIP 스위치	SW1	J4
in[1]	입력	DIP 스위치	SW2	L3
in[2]	입력	DIP 스위치	SW3	K3
in[3]	입력	DIP 스위치	SW4	M2
in[4]	입력	DIP 스위치	SW5	K6
in[5]	입력	DIP 스위치	SW6	J6
in[6]	입력	DIP 스위치	SW7	L5
in[7]	입력	DIP 스위치	SW8	L4
dout[0]	출력	LED	LD1	F15
dout[1]	출력	LED	LD2	F13
dout[2]	출력	LED	LD3	F14

■ 3 x 8 디코더와 8 X 3 인코더의 실습 과정

① Vivado 소프트웨어를 실행시키고 project 파일을 생성한다. - (2장 2.1절 참조)

② Verilog 코드를 작성하고 시뮬레이션을 진행한다. - (2장 2.2절, 2.3절 참조)

③ 시뮬레이션 파형의 작동을 확인 후에 합성을 진행한다. - (2장 2.4절 참조)

④ 합성된 디자인을 열고 핀 정보를 할당하고 xdc 파일을 생성한다. - (2장 2.6절 참조)

⑤ Implementation과 Bitstream 과정을 진행하여 bit 파일을 생성한다. - (2장 2.7절 참조)

⑥ 실습 보드에 bit 파일을 로딩한다. - (2장 2.7절 참조)

⑦ 보드의 입력과 출력장치를 활용하여 동작 검증을 한다. 3 x 8 디코더의 동작 검증은 보드의 SW1 - SW3의 입력을 변경하여 8개의 LED 출력을 관찰하고 동작 검증을 한다. 8 x 3 인코더의 동작 검증은 보드의 SW1 - SW8의 입력을 변경하여 3개의 LED 출력을 관찰하고 동작 검증을 한다.

6

멀티플렉서와 디멀티플렉서

멀티플렉서는 n개의 입력을 받아 필요한 입력을 선택하여 출력을 발생시키는 회로이다. 본 장에서는 4 x 1 멀티플렉서를 예제로 Verilog 코드를 작성하고 설계하였다. 4 x 1 멀티플렉서는 입력이 4개이므로 선택 신호 sel에 의해 출력 신호를 발생시킨다. 선택 신호 sel은 2 bit의 값 2'b00, 2'b01, 2'b10, 2'b11을 가지고 선택 신호의 입력에 따라 출력 신호는 4개의 입력 신호 중에 선택하여 출력으로 내보낸다. sel 신호의 값이 2'b00일 때 출력 신호는 입력 in1의 값을 받게 되고, sel 신호의 값이 2'b01일 때 출력 신호는 입력 in2의 값을 받게 되고, sel 신호의 값이 2'b10일 때 출력 신호는 입력 in3의 값을 받게 되며 sel 신호의 값이 2'b11일 때 출력신호는 입력 in4의 값을 받게 된다. 그림 6.1은 4 x 1 멀티플렉서의 블록도이고 표 6.1은 4 x 1 멀티플렉서의 진리표이다.

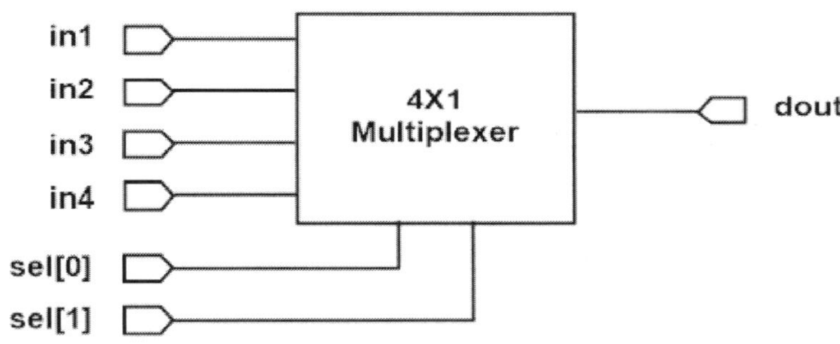

그림 6.1 4 x 1 멀티플렉서의 회로도

표 6.1 멀티플렉서의 진리표

sel[1]	sel[0]	dout
0	0	in1
0	1	in2
1	0	in3
1	1	in4

코드 6-1. 4 x 1 멀티플렉서의 Verilog 코드 – case 문

```verilog
`timescale 1ns / 1ps

module multiplexer_case (sel, in1, in2, in3, in4, dout);
  input  [1:0] sel;
  input  [3:0] in1, in2, in3, in4;
  output [3:0] dout;
  reg    [3:0] dout;

  always @(sel or in1 or in2 or in3 or in4) begin
     case (sel)
            0 : dout = in1;
            1 : dout = in2;
            2 : dout = in3;
            3 : dout = in4;
       default: dout = 4'bx;
     endcase
  end
endmodule
```

그림 6.2 4 x 1 멀티플렉서의 Verilog 코드

그림 6.2와 6.3은 4 x 1 멀티플렉서의 블록도를 Verilog 코드로 구현한 것이다. 그림 6.2
는 case 문을 사용하여 코드를 작성하였고 그림 6.3은 if 문을 사용하여 4 x 1 멀티플렉
서를 설계하였다.

코드 6-2. 4 x 1 멀티플렉서의 Verilog 코드 – if 문

```verilog
`timescale 1ns / 1ps

module multiplexer_if (sel, in1, in2, in3, in4, dout);
  input  [1:0] sel;
  input  [3:0] in1, in2, in3, in4;
  output [3:0] dout;
  reg    [3:0] dout;

  always @(sel or in1 or in2 or in3 or in4) begin
    if      (sel == 2'b00) dout = in1;
    else if (sel == 2'b01) dout = in2;
    else if (sel == 2'b10) dout = in3;
    else if (sel == 2'b11) dout = in4;
    else                   dout = 4'bx;
  end
  endmodule
```

그림 6.3 4 x 1 멀티플렉서의 Verilog Code

그림 6.4는 4 x 1 멀티플렉서의 테스트 벤치 코드이다. 4 x 1 멀티플렉서 진리표의 입력을 200ns 단위로 구현을 하고 시뮬레이션을 하였다. 그림 6.5는 테스트 벤치를 구동한 시뮬레이션 파형이다. 그림에서 보여주는 바와 같이 4개의 입력에 선택된 출력의 값이 정확하게 나오는 것을 확인할 수 있다.

코드 6-3. 4 x 1 멀티플렉서의 테스트 벤치 코드

```verilog
`timescale 1ns / 1ps

module tb_multiplexer_case;

reg [1:0] sel;
reg [3:0] in1, in2, in3, in4;
wire [3:0] dout;

multiplexer_case U0 (sel, in1, in2, in3, in4, dout);

initial begin
        // Initialize Inputs
        sel = 0;
        in1 = 0;
        in2 = 0;
    in3 = 0;
    in4 = 0;
        //
        #100;
        sel = 2'b00; in1 = 3; in2 = 4; in3 = 5; in4 = 6;  #200;
        sel = 2'b01; in1 = 4; in2 = 5; in3 = 6; in4 = 7;  #200;
        sel = 2'b10; in1 = 5; in2 = 6; in3 = 7; in4 = 8;  #200;
        sel = 2'b11; in1 = 6; in2 = 7; in3 = 8; in4 = 9;  #200;
        $finish;
end

endmodule
```

그림 6.4 4 x 1 멀티플렉서의 테스트 벤치 코드

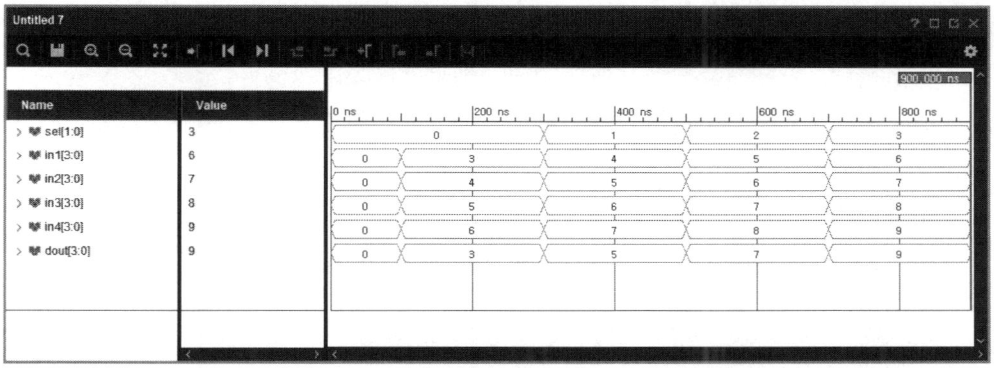

그림 6.5 4 x 1 멀티플렉서의 시뮬레이션 파형

시뮬레이션이 끝나면 실습 보드를 활용하여 동작 검증을 시작한다. 실습 보드의 DIP 스위치로 입력 신호를 할당하고 LED에 출력 신호를 할당한다. 표 6.2는 입력 신호와 출력 신호의 핀 할당 정보이다. 아래 정보를 가지고 Verilog 코드를 합성 후에 xdc 파일을 작성하여 핀 정보를 설정해준다. 핀 설정이 끝나면 Implementation과 Bitstream 파일을 생성하고, 실습 보드와 컴퓨터를 연결하여 (name).bit 파일을 실습 보드에 로딩한다.

비트 파일을 로딩하고 스위치와 LED를 사용하여 동작 검증을 한다. 스위치를 올리면 입력 신호 '1'이 감지되고 내리면 입력 신호 '0'이 감지된다. 이때 4 x 1 멀티플렉서의 출력은 LED에 표시되는데 sel의 신호에 따라 4개의 입력이 LED에 반영된다. LED에 녹색등이 켜질 경우, 신호 '1'이 감지되고 LED에 불이 꺼지면 신호 '0'이 감지된다.

표 6.2 신호 이름과 할당된 입/출력 핀

신호 이름	입/출력	장치 종류	키트 이름	핀 번호
in1[0]	입력	DIP 스위치	SW1	J4
in1[1]	입력	DIP 스위치	SW2	L3
in1[2]	입력	DIP 스위치	SW3	K3
in1[3]	입력	DIP 스위치	SW4	M2
in2[0]	입력	DIP 스위치	SW5	K6
in2[1]	입력	DIP 스위치	SW6	J6
in2[2]	입력	DIP 스위치	SW7	L5
in2[3]	입력	DIP 스위치	SW8	L4
in3[0]	입력	DIP 스위치	SW9	Y16
in3[1]	입력	DIP 스위치	SW10	AA16
in3[2]	입력	DIP 스위치	SW11	AB16
in3[3]	입력	DIP 스위치	SW12	AB17
in4[0]	입력	DIP 스위치	SW13	AA13
in4[1]	입력	DIP 스위치	SW14	AB13
in4[2]	입력	DIP 스위치	SW15	AA15
in4[3]	입력	DIP 스위치	SW16	AB15
sel[0]	입력	PUSH 스위치	PUSH_SW_UP	E21
sel[1]	입력	PUSH 스위치	PUSH_SW_MID	G21
dout[0]	출력	LED	LD4	F15
dout[1]	출력	LED	LD5	F13
dout[2]	출력	LED	LD6	F14
dout[3]	출력	LED	LD7	F16

디멀티플렉서는 선택 신호에 따라 1개의 입력을 n개의 출력 중 하나로 전송하는 회로이다. 본 장에서는 1 x 4 디멀티플렉서를 예제로 Verilog 코드를 작성하고 설계하였다. 1 x 4 디멀티플렉서는 출력이 4개이므로 선택 신호 sel에 의해 입력 신호를 전송한다. 선택 신호 sel은 2 bit의 값 2'b00, 2'b01, 2'b10, 2'b11을 가지고 선택 신호의 입력에 따라 출력 신호는 1개의 입력 신호를 4개의 출력 중에 선택하여 출력으로 내보낸다. sel 신호의 값이 2'b00일 때 출력 신호 dout1은 입력 in1의 값을 받게 되고 나머지 출력 신호는 0의 값을 가지게 되며, sel 신호의 값이 2'b01일 때 출력 신호 dout2는 입력 in1의 값을 받게 되고 나머지 출력 신호는 0의 값을 가지게 되며, sel 신호의 값이 2'b10일 때 출력 신호

dout3는 입력 in1의 값을 받게 되고 나머지 출력 신호는 0의 값을 가지게 되며, sel 신호의 값이 2'b11일 때 출력 신호 dout4는 입력 in1의 값을 받게 되고 나머지 출력 신호는 0의 값을 가지게 된다. 그림 6.6은 1 x 4 디멀티플렉서의 블록도이고 표 6.3은 1 x 4 디멀티플렉서의 진리표이다.

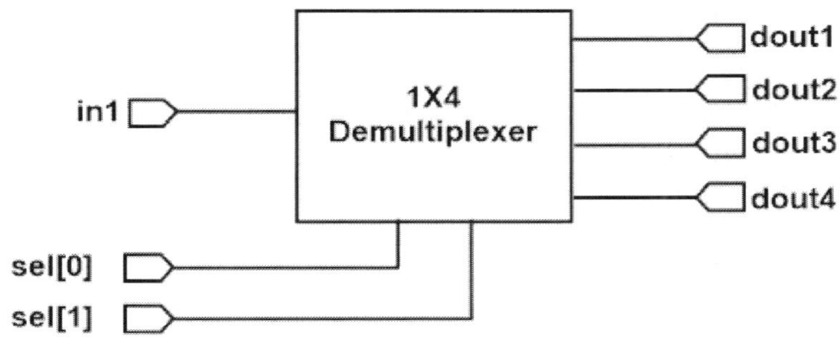

그림 6.6 1 x 4 디멀티플렉서의 회로도

표 6.3 디멀티플렉서의 진리표

sel[1]	sel[0]	dout1	dout2	dout3	dout4
0	0	in1	0	0	0
0	1	0	in1	0	0
1	0	0	0	in1	0
1	1	0	0	0	in1

코드 6-4. 1 x 4 디멀티플렉서의 Verilog 코드 – case 문

```verilog
`timescale 1ns / 1ps

module demux_4x1 (sel, in1, dout1, dout2, dout3, dout4);
  input  [1:0] sel;
  input  [3:0] in1;
  output [3:0] dout1, dout2, dout3, dout4;
  reg    [3:0] dout1, dout2, dout3, dout4;

 always @(sel or in1) begin
    case (sel)
          0 : begin dout1 = in1; dout2 = 4'b0; dout3 = 4'b0; dout4 =
4'b0; end
          1 : begin dout1 = 4'b0; dout2 = in1; dout3 = 4'b0; dout4 =
4'b0; end
          2 : begin dout1 = 4'b0; dout2 = 4'b0; dout3 = in1; dout4 =
4'b0; end
          3 : begin dout1 = 4'b0; dout2 = 4'b0; dout3 = 4'b0; dout4 =
in1; end
        default: begin dout1 = 4'bx; dout2 = 4'bx; dout3 = 4'bx; dout4 =
4'bx; end
    endcase
  end
endmodule
```

그림 6.7 1 x 4 디멀티플렉서의 Verilog 코드

그림 6.7은 1 x 4 디멀티플렉서의 블록도를 Verilog 코드로 구현한 것이다. 그림 6.7은 case 문을 사용하여 1 x 4 디멀티플렉서를 설계하였다.

그림 6.8는 1 x 4 디멀티플렉서의 테스트 벤치 코드이다. 1 x 4 디멀티플렉서 진리표의 입력을 200ns 단위로 구현을 하고 시뮬레이션을 하였다. 그림 6.9는 테스트 벤치를 구동한 시뮬레이션 파형이다. 그림에서 보여주는 바와 같이 한 개의 입력에 선택된 출력의 값이 정확하게 나오는 것을 확인할 수 있다.

코드 6-5. 1 x 4 디멀티플렉서의 테스트 벤치 코드

```verilog
`timescale 1ns / 1ps

module tb_demux_4x1;

reg [1:0] sel;
reg [3:0] in1;
wire [3:0] dout1, dout2, dout3, dout4;

demux_4x1 U0 (sel, in1, dout1, dout2, dout3, dout4);

initial begin
        // Initialize Inputs
        sel = 0;
        in1 = 0;
        //
        #100;
        sel = 2'b00; in1 = 3;  #200;
        sel = 2'b01; in1 = 4;  #200;
        sel = 2'b10; in1 = 5;  #200;
        sel = 2'b11; in1 = 6;  #200;
        $finish;
end

endmodule
```

그림 6.8 1 x 4 멀티플렉서의 테스트 벤치 코드

그림 6.9 1 x 4 디멀티플렉서의 시뮬레이션 파형

시뮬레이션이 끝나면 실습 보드를 활용하여 동작 검증을 시작한다. 실습 보드의 DIP 스위치로 입력 신호를 할당하고 LED에 출력 신호를 할당한다. 표 6.4는 입력 신호와 출력 신호의 핀 할당 정보이다. 아래 정보를 가지고 Verilog 코드를 합성 후에 xdc 파일을 작성하여 핀 정보를 설정해준다. 핀 설정이 끝나면 Implementation과 Bitstream 파일을 생성하고, 실습 보드와 컴퓨터를 연결하여 (name).bit 파일을 실습 보드에 로딩한다.

비트 파일을 로딩하고 스위치와 LED를 사용하여 동작 검증을 한다. 스위치를 올리면 입력 신호 '1'이 감지되고 내리면 입력 신호 '0'이 감지된다. 이때 1 x 4 멀티플렉서의 출력은 LED에 표시되는데 sel의 신호에 따라 한 개의 입력이 LED에 반영된다. LED에 녹색등이 켜질 경우, 신호 '1'이 감지되고 LED에 불이 꺼지면 신호 '0'이 감지된다.

표 6.4 신호 이름과 할당된 입/출력 핀

신호 이름	입/출력	장치 종류	키트 이름	핀 번호
in1[0]	입력	DIP 스위치	SW1	J4
in1[1]	입력	DIP 스위치	SW2	L3
in1[2]	입력	DIP 스위치	SW3	K3
in1[3]	입력	DIP 스위치	SW4	M2
sel[0]	입력	DIP 스위치	SW5	K6
sel[1]	입력	DIP 스위치	SW6	J6
dout1[0]	출력	LED	LD1	F15
dout1[1]	출력	LED	LD2	F13
dout1[2]	출력	LED	LD3	F14
dout1[3]	출력	LED	LD4	F16
dout2[0]	출력	LED	LD5	E17
dout2[1]	출력	LED	LD6	C14
dout2[2]	출력	LED	LD7	C15
dout2[3]	출력	LED	LD8	E13
dout3[0]	출력	LED	LD9	AA10
dout3[1]	출력	LED	LD10	AA11
dout3[2]	출력	LED	LD11	V10
dout3[3]	출력	LED	LD12	W10
dout4[0]	출력	LED	LD13	Y11
dout4[1]	출력	LED	LD14	Y12

신호 이름	입/출력	장치 종류	키트 이름	핀 번호
dout4[2]	출력	LED	LD15	W11
dout4[3]	출력	LED	LD16	W12

■ 4 x 1 멀티플렉서와 1 x 4 디멀티플렉서의 실습 과정

① Vivado 소프트웨어를 실행시키고 project 파일을 생성한다. - (2장 2.1절 참조)

② Verilog 코드를 작성하고 시뮬레이션을 진행한다. - (2장 2.2절, 2.3절 참조)

③ 시뮬레이션 파형의 작동을 확인 후에 합성을 진행한다. - (2장 2.4절 참조)

④ 합성된 디자인을 열고 핀 정보를 할당하고 xdc 파일을 생성한다. - (2장 2.6절 참조)

⑤ Implementation과 Bitstream 과정을 진행하여 bit 파일을 생성한다. - (2장 2.7절 참조)

⑥ 실습 보드에 bit 파일을 로딩한다. - (2장 2.7절 참조)

⑦ 보드의 입력과 출력장치를 활용하여 동작 검증을 한다. 멀티플렉서의 동작 검증은 보드의 SW1 - SW16의 입력을 고정하고 4개의 입력 in1, in2, in3, in4의 값을 다르게 준다. sel 신호의 PUSH 스위치를 변환할 때 LED 출력을 관찰하고 동작 검증을 한다. 디멀티플렉서의 동작 검증은 보드의 SW1 - SW4의 입력을 고정하고 SW5와 SW6의 입력을 변환하여 출력 dou1, dout2, dout3, dout4의 LED 출력을 관찰하고 동작 검증을 한다.

7

n비트 가산기

멀티비트 가산기는 n개의 전가산기를 활용하여 구현할 수 있다. 본 장에서는 앞서 배운 전가산기를 사용하여 4-bit의 전가산기를 설계한다. 4-bit의 전가산기의 회로도는 그림 7.1과 같고, 이 회로의 입력 a와 b는 피연산자이고 덧셈 연산을 한다.

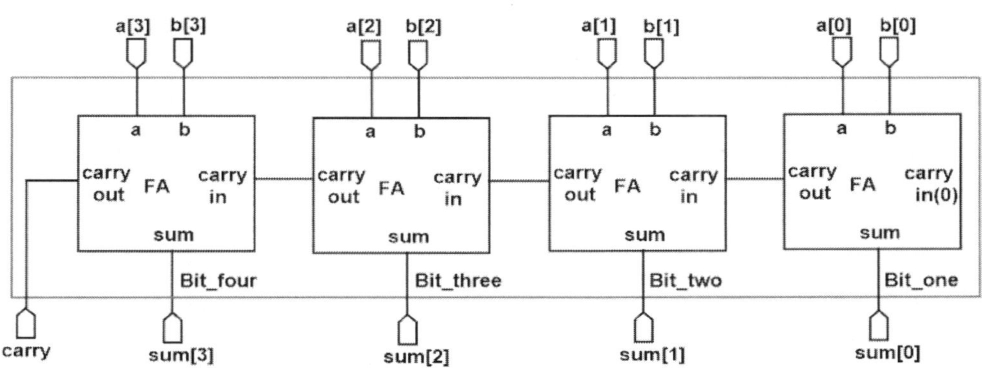

그림 7.1 4-bit 가산기의 회로도

코드 7-1. 1-bit 전가산기의 Verilog 코드

```verilog
`timescale 1ns / 1ps
module fulladder2(a, b, carry_in, sum, carry_out);
    input a;
    input b;
    input carry_in;
    output sum;
    output carry_out;
    wire [2:0] d_in;
    reg [1:0] d_out;

    assign d_in= {carry_in, a, b};
    assign carry_out= d_out[1];
    assign sum= d_out[0];
    always@(d_in)
        case(d_in)
        3'b000 : d_out= 2'b00;
        3'b001 : d_out= 2'b01;
        3'b010 : d_out= 2'b01;
        3'b011 : d_out= 2'b10;
```

> 📥 **코드 7-1. 1-bit 전가산기의 Verilog 코드**

```verilog
        3'b100 : d_out= 2'b01;
        3'b101 : d_out= 2'b10;
        3'b110 : d_out= 2'b10;
        default: d_out= 2'b11;
        endcase
endmodule
```

그림 7.2 반가산기의 Verilog Code

그림 7.2는 4-bit 가산기에 사용될 전가산기의 Verilog 코드이다. 앞서 4장에서 설명한 바와 같이 전가산기의 진리표를 Verilog 코드로 설계하였다. 그림 7.3은 4-bit 가산기의 Verilog 코드이고 4개의 전가산기를 맵핑시켜 4-bit 가산기를 설계하였다.

> 📥 **코드 7-2. 4-bit 가산기의 Verilog 코드**

```verilog
`timescale 1ns / 1ps
module fulladder_4bit(a, b, sum, carry);
    input [3:0] a;
    input [3:0] b;
    output [3:0] sum;
    output carry;
    wire [4:0] TmpCarry;
    wire [3:0] TmpSum;

        assign TmpCarry[0] = 0;
        fulladder2 Bit_one (.a(a[0]), .b(b[0]), .carry_in(TmpCarry[0]),
.sum(TmpSum[0]), .carry_out(TmpCarry[1]));
        fulladder2 Bit_two (.a(a[1]), .b(b[1]), .carry_in(TmpCarry[1]),
.sum(TmpSum[1]), .carry_out(TmpCarry[2]));
        fulladder2 Bit_three (.a(a[2]), .b(b[2]), .carry_in(TmpCarry[2]),
.sum(TmpSum[2]), .carry_out(TmpCarry[3]));
        fulladder2 Bit_four (.a(a[3]), .b(b[3]), .carry_in(TmpCarry[3]),
.sum(TmpSum[3]), .carry_out(TmpCarry[4]));
```

```
┌──┐
│ ⬇ │  코드 7-2. 4-bit 가산기의 Verilog 코드
└──┘
```

```verilog
        assign sum = TmpSum;
        assign carry = TmpCarry[4];


endmodule
```

그림 7.3 4-bit 가산기의 Verilog 코드

그림 7.4는 4-bit 가산기의 테스트 벤치의 Verilog 코드이다. 4-bit 가산기 입력을 100ns 단위로 구현을 하고 시뮬레이션을 하였다. 그림 7.5는 테스트 벤치를 구동한 시뮬레이션 파형이다. 그림에서 보여주는 바와 같이 입력의 더해진 값이 정확한 결과가 출력되는 것을 확인할 수 있다.

```
┌──┐
│ ⬇ │  코드 7-3. 4-bit 가산기의 테스트 벤치 코드
└──┘
```

```verilog
`timescale 1ns / 1ps

module tb_fulladder_4bit;

    reg [3:0] a,b;
    wire [3:0] sum;
    wire carry;

    fulladder_4bit U0 (a, b, sum, carry);

    initial begin
        // Initialize Inputs
        a = 0;
        b = 0;
         //
        #100;
        a = 3; b = 5; #100;
        a = 1; b = 8; #100;
        a = 3; b = 9; #100
```

```verilog
        a = 7; b = 7; #100;
        a = 2; b = 11; #100;
        a = 13; b = 11; #100;
        $finish;
    end

endmodule
```

그림 7.4 4-bit 가산기의 테스트 벤치 코드

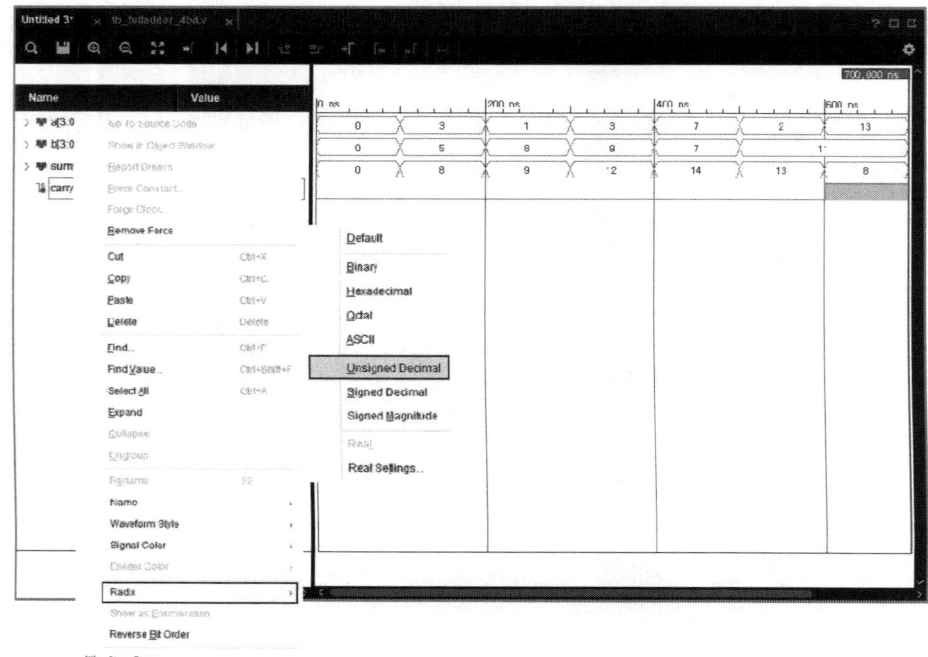

그림 7.5 4-bit 가산기의 시뮬레이션 파형

그림 7.6 출력 신호의 Radix 변환

시뮬레이션이 끝나면 실습 보드를 활용하여 동작 검증을 시작한다. 실습 보드의 DIP 스위치로 입력 신호를 할당하고 LED에 출력 신호를 할당한다. 표 7.1은 입력 신호와 출력 신호의 핀 할당 정보이다. 아래 정보를 가지고 Verilog 코드를 합성 후에 xdc 파일을 작성하여 핀 정보를 설정해준다. 핀 설정이 끝나면 Implementation과 Bitstream 파일을 생성하고, 실습 보드와 컴퓨터를 연결하여 (name).bit 파일을 실습 보드에 로딩한다.

비트 파일을 로딩하고 스위치와 LED를 사용하여 동작 검증을 한다. 스위치를 올리면 입력 신호 '1'이 감지되고 내리면 입력 신호 '0'이 감지된다. 이때 4-bit 가산기의 덧셈 결과는 LED에 표시되는데 LED에 녹색등이 켜질 경우, 신호 '1'이 감지되고 LED에 불이 꺼지면 신호 '0'이 감지된다.

표 7.1 신호 이름과 할당된 입/출력 핀

신호 이름	입/출력	장치 종류	키트 이름	핀 번호
a[0]	입력	DIP 스위치	SW1	J4
a[1]	입력	DIP 스위치	SW2	L3
a[2]	입력	DIP 스위치	SW3	K3
a[3]	입력	DIP 스위치	SW4	M2
b[0]	입력	DIP 스위치	SW5	K6
b[1]	입력	DIP 스위치	SW6	J6
b[2]	입력	DIP 스위치	SW7	L5
b[3]	입력	DIP 스위치	SW8	L4
sum[0]	출력	LED	LD5	E17
sum[1]	출력	LED	LD4	F16
sum[2]	출력	LED	LD3	F14
sum[3]	출력	LED	LD2	F13
carry	출력	LED	LD1	F15

■ 4-bit 가산기의 실습 과정

① Vivado 소프트웨어를 실행시키고 project 파일을 생성한다. - (2장 2.1절 참조)

② Verilog 코드를 작성하고 시뮬레이션을 진행한다. - (2장 2.2절, 2.3절 참조)

③ 시뮬레이션 파형의 작동을 확인 후에 합성을 진행한다. - (2장 2.4절 참조)

④ 합성된 디자인을 열고 핀 정보를 할당하고 xdc 파일을 생성한다. - (2장 2.6절 참조)

⑤ Implementation과 Bitstream 과정을 진행하여 bit 파일을 생성한다. - (2장 2.7절 참조)

⑥ 실습 보드에 bit 파일을 로딩한다. - (2장 2.7절 참조)

⑦ 보드의 입력과 출력장치를 활용하여 동작 검증을 한다. 보드의 SW1과 SW8의 입력을 변경하고 LED 출력을 관찰하고 덧셈 연산의 동작 검증을 한다.

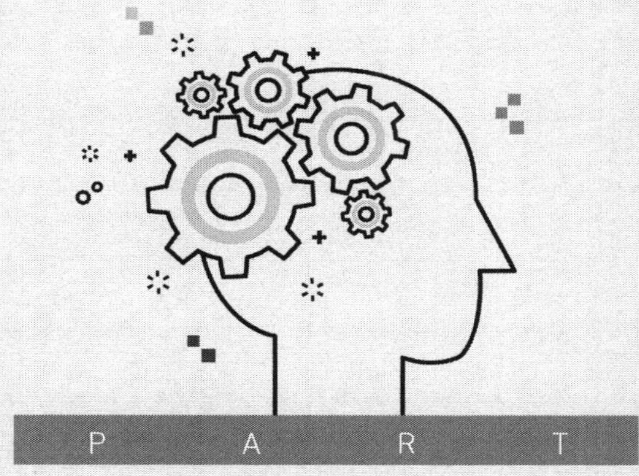

3

순차 논리 회로 설계

8

분주 회로

분주 회로는 높은 주파수의 클록 신호를 낮은 주파수의 클록 신호로 변환하는 회로이다. 실습 보드의 클록 주파수는 100MHz이다. LED의 구동과 7-Segment의 구동은 높은 주파수에서 사람의 눈으로 감지하기 어려우므로 낮은 주파수(1Hz)에서의 구동으로 보드의 작동을 검증할 수 있다. 본 장에서는 실제로 많이 사용되는 1Hz 분주 회로를 Verilog 코드로 구현하였다. 그림 8.1은 분주 회로의 블록도이며 100MHz의 클록이 입력으로 들어가면 1Hz의 출력이 나오는 회로를 설계하였다.

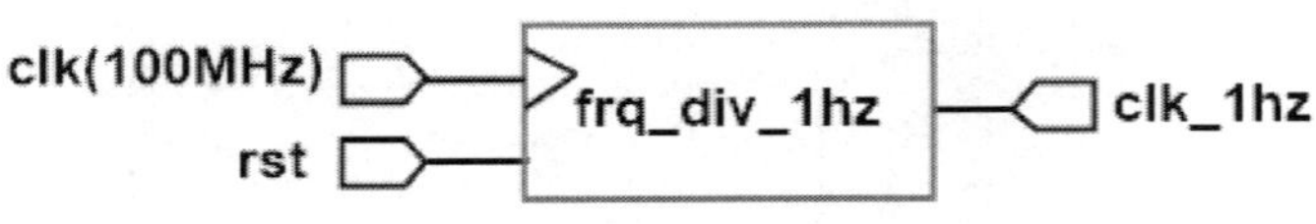

그림 8.1 분주 회로의 블록도

그림 8.2와 8.3은 두 가지 분주 회로의 Verilog 코드이다. 100MHz의 분주 된 클록이 50%의 duty cycle을 갖도록 하기 위해 계수기를 활용하여 50,000,000번 계수된 출력에 '0' 신호와 '1' 신호를 반전하여 출력하도록 한다. 출력 신호 '0'과 '1'은 총 100,000,000의 계수된 값을 가지기 때문에 출력 주파수는 1Hz의 값을 가진다.

코드 8-1. 분주 회로의 Verilog 코드

```verilog
module frq_clk_1hz (clk, reset, clk_out);
    parameter     main_clk=100000000, output_freq=1;
    parameter     clk_hilow_cnt_value=((main_clk/output_freq)/2)-1;
    input         clk;
    input         reset;
    output reg clk_out;

    integer       clk_cnt;

    always@(negedge reset, posedge clk) begin
    if (reset == 1'b0) begin
        clk_cnt   <= 0;
        clk_out   <= 1'b0;
    end else begin
    if (clk_cnt== clk_hilow_cnt_value) begin
        clk_cnt   <=0;
```

```verilog
        clk_out    <= ~clk_out;
    end else
        clk_cnt    <=clk_cnt+1;
    end
    end
endmodule
```

그림 8.2 분주 회로의 Verilog 코드

📥 코드 8-2. 분주 회로의 Verilog 코드

```verilog
module counter_1hz(clk, rst, q);
    input clk;
    input rst;
    output q;

    reg[26:0] tmp;
    reg i_ce;
    always@(posedgeclkor negedgerst)begin
        if(!rst)begin
            tmp<={27{1'b0}};
            i_ce<=1'b0;
        end
        else begin
        if(tmp==27'b101111101011110000100000000 )begin
            tmp<={27{1'b0}};
            i_ce<=1'b1;
        end
        else begin
            tmp<=tmp+1'b1;
        i_ce<=1'b0;
        end
        end
    end

    assign q=i_ce;
endmodule
```

그림 8.3 분주 회로의 Verilog 코드

그림 8.4는 분주 회로의 테스트 벤치 코드이다. 분주 회로의 테스트 벤치는 다른 순차 논리 회로와 달리 시뮬레이션 시간을 최소 1s로 돌려야 1Hz의 클록이 생성되는 파형을 확인할 수 있다. 시뮬레이션이 실행된 후, console 창에 "run 1s" 문구를 입력하면 그림 8.5와 같이 시뮬레이션 시간에 1s가 추가되어 파형이 출력된다.

코드 8-3. 분주 회로의 테스트 벤치 코드

```verilog
`timescale 1ns / 1ps

module tb_frq_clk_1hz;

    reg clk, reset;
    wire clk_out;

    frq_clk_1hz u0 (clk, reset, clk_out);

    initial begin
        clk = 1'b0;
        reset = 1'b0;
        #100;
        reset = 1'b1;
    end
    always #5 clk = ~ clk;
endmodule
```

그림 8.4 분주 회로의 테스트 벤치 코드

그림 8.5 분주 시뮬레이션 파형

시뮬레이션이 끝나면 실습 보드를 활용하여 동작 검증을 시작한다. 표 8.1은 입력 신호와 출력 신호의 핀 할당 정보이다. 아래 정보를 가지고 Verilog 코드를 합성 후에 xdc 파일을 작성하여 핀 정보를 설정해준다. 핀 설정이 끝나면 Implementation과 Bitstream 파일을 생성하고, 실습 보드와 컴퓨터를 연결하여 (name).bit 파일을 실습 보드에 로딩한다.

비트 파일을 로딩하고 출력 LED를 사용하여 동작 검증을 한다. 1Hz의 분주 회로이기에 LED는 0.5s씩 깜빡이게 된다.

표 8.1 신호 이름과 할당된 입/출력 핀

신호 이름	입/출력	장치 종류	키트 이름	핀 번호
clk	입력	Clock	Clock	R4
rst	입력	PUSH 스위치	reset_sw	U7
clk_out	출력	LED	LD1	F15

■ 분주 회로의 실습 과정

① Vivado 소프트웨어를 실행시키고 project 파일을 생성한다. - (2장 2.1절 참조)

② Verilog 코드를 작성하고 시뮬레이션을 진행한다. - (2장 2.2절, 2.3절 참조)

③ 시뮬레이션 파형의 작동을 확인 후에 합성을 진행한다. - (2장 2.4절 참조)

④ 합성된 디자인을 열고 핀 정보를 할당하고 xdc 파일을 생성한다. - (2장 2.6절 참조)

⑤ Implementation과 Bitstream 과정을 진행하여 bit 파일을 생성한다. - (2장 2.7절 참조)

⑥ 실습 보드에 bit 파일을 로딩한다. - (2장 2.7절 참조)

⑦ 보드의 입력과 출력장치를 활용하여 동작 검증을 한다. 보드의 LED 출력이 0.5s씩 깜빡이게 되면 정확한 작동을 한다.

9

무어 머신

유한상태머신(Finite State Machine)은 무어(Moore) 머신과 밀리(Mealy) 머신으로 구분된다. 무어 머신은 현재 상태에 의해서 출력이 결정되는 회로이다. 본 장에서는 무어 머신의 간단한 예제를 Verilog 코드로 설계하고 구현하였다. 그림 9.1은 무어 머신의 상태도 예제이다. bypass의 입력이 '0'이 들어오면 무어 머신의 상태는 ST0 → ST1 → ST2 → ST3 → ST0의 순으로 천이되고 bypass의 입력이 '1'이 들어오면 무어 머신의 상태는 ST0 → ST1 → ST3 → ST0의 순으로 천이된다.

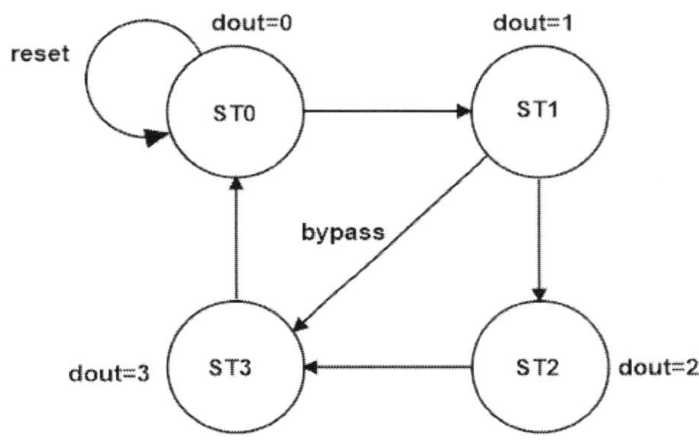

그림 9.1 무어 머신의 상태도

그림 9.2는 그림 9.1의 무어 머신 상태도에 대한 Verilog 코드이다. 무어 머신의 4개의 상태를 parameter로 지정하고 첫 번째 always 문구는 if문을 사용하여 무어 머신의 상태천이를 표현하였고 두 번째 always 문구는 case 문을 사용하여 각 상태의 출력을 표현하였다. ST1 상태일 때 입력 bypass가 '1'이면 ST1 상태에서 ST3 상태로 천이되고, 입력 bypass가 '0'이면 ST1 상태에서 ST2 상태로 천이된다. 코드에서는 case 문 안에 if 문을 사용하여 상태천이를 구현하였다.

코드 9-1. 무어 머신의 Verilog 코드

```verilog
`timescale 1ns / 1ps

module FSM_Moore (clk, rst, bypass, dout);
   input        clk, rst, bypass;
   output [1:0] dout;
```

```verilog
    parameter ST0 = 2'b00,
              ST1 = 2'b01,
              ST2 = 2'b10,
              ST3 = 2'b11;
reg [1:0] dout;
reg [1:0] state, next;

always @(posedge clk or negedge rst) begin
  if (!rst) state <= ST0;
  else        state <= next;
end

always @(state or bypass) begin
  next = 2'bx;
  case (state)
    ST0 :                next = ST1;
    ST1 : if (bypass) next = ST3;
          else          next = ST2;
    ST2 :                next = ST3;
    ST3 :                next = ST0;
  endcase
end

always @(posedge clk or negedge rst) begin
   if (!rst)
     dout <= 0;
   else
     case (state)
          ST0 : dout = 0;
          ST1 : dout = 1;
          ST2 : dout = 2;
          ST3 : dout = 3;
       default : dout = 0;
     endcase
  end

endmodule
```

그림 9.2 무어 머신의 Verilog 코드

그림 9.3은 그림 9.2의 무어 머신 Verilog 코드를 위한 테스트 벤치 코드이다. 무어 머신의 bypass 입력을 200ns 단위로 구현을 하고 시뮬레이션을 하였다. 그림 9.4는 테스트 벤치를 구동한 시뮬레이션 파형이다. 그림에서 보여주는 바와 같이 bypass 신호가 '0'일 때 무어 머신의 상태는 ST0 → ST1 → ST2 → ST3 → ST0의 순으로 천이되고 bypass의 신호가 '1'이 들어오면 무어 머신의 상태는 ST0 → ST1 → ST3 → ST0의 순으로 천이된다.

코드 9-2. 무어 머신의 테스트 벤치 코드

```verilog
`timescale 1ns / 1ps

module tb_FSM_Moore;

    reg clk, rst, bypass;
    wire [1:0] dout;

    FSM_Moore U0 (clk, rst, bypass, dout);

    initial begin
        clk = 1'b0;
        rst = 1'b0;
        bypass = 1'b0;
        #100;
        rst = 1'b1;bypass = 1'b0; #200;
        rst = 1'b1;bypass = 1'b1; #200;
        $finish;
    end
    always #10 clk = ~clk;
endmodule
```

그림 9.3 무어 머신의 테스트 벤치 코드

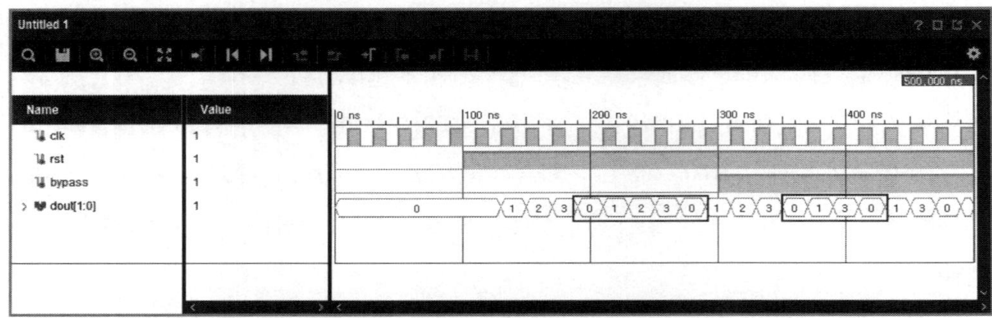

그림 9.4　무어 머신의 시뮬레이션 파형

무어 머신을 실제 보드에 다운로드 하려면 분주 회로를 사용해야 한다. 보드의 높은 주파수 때문에 상태 천이를 확인하기 어렵다. 그림 9.5는 분주 회로를 사용한 무어 머신의 블록도이다. 그림에서 보여주는 바와 같이 분주 회로를 사용하여 무어 머신에 들어가는 입력 clk은 1Hz의 주파수를 가진다. 1Hz의 주파수를 입력으로 받는 무어 머신을 FSK III 보드에 다운로드 하면 상태 천이를 쉽게 확인할 수 있다. 그림 9.6은 분주 회로의 Verilog 코드이다.

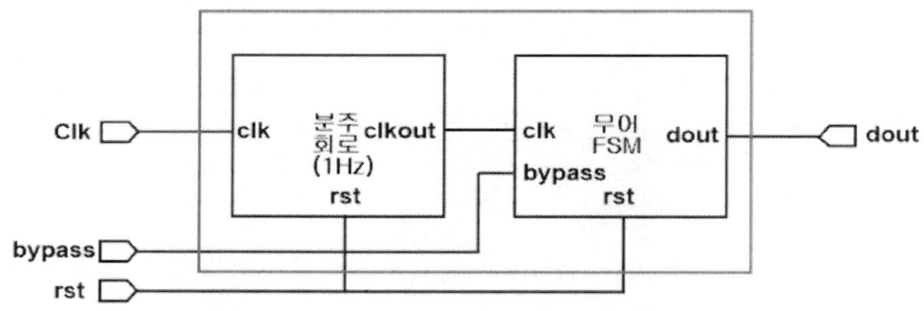

그림 9.5　무어 머신의 블록도

코드 9-3. 분주 회로의 Verilog Code

```verilog
module counter_1hz(clk,rst,q);
input clk;
input rst;
output q;

reg[26:0] tmp;
regi_ce;
        always@(posedgeclkor negedgerst)begin
        if(!rst)begin
        tmp<={27{1'b0}};
        i_ce<=1'b0;
        end
        else begin
        if(tmp==27'b101111110101111100001000000000 )begin
        tmp<={27{1'b0}};
        i_ce<=1'b1;
        end
        else begin
        tmp<=tmp+1'b1;
        i_ce<=1'b0;
        end
        end
        end

        assign q=i_ce;
endmodule
```

그림 9.6 분주 회로의 Verilog 코드

그림 9.7은 무어 머신의 최상위 모듈이다. 분주 회로와 기존의 무어 머신을 탑 모듈에서 매핑을 하여 그림 9.5의 블록도를 Verilog 코드로 설계한 것이다. 블록과 블록 사이의 연결은 wire로 신호를 선언하여 연결하였다.

> **코드 9-4. 무어 머신의 최상위 모듈**

```verilog
module Top_module(clk,rst,bypass,led);
    input clk;
    input rst;
    input bypass;
    output [1:0] led;
    wire          clk_1hz;

    counter_1hz u0 (
                .clk(clk),
                .rst(rst),
                .q(clk_1hz)
                  );

    Fsm_Moore u1 (
                .clk(clk_1hz),
                .rst(rst),
                .bypass(bypass),
                .out(led)
                  );

endmodule
```

그림 9.7 무어 머신의 최상위 모듈

시뮬레이션이 끝나면 실습 보드를 활용하여 동작 검증을 시작한다. 실습 보드의 DIP 스위치로 입력 신호 bypass를 할당하고 LED에 출력 신호를 할당한다. 표 9.1은 입력 신호와 출력 신호의 핀 할당 정보이다. 아래 정보를 가지고 Verilog 코드를 합성 후에 xdc 파일을 작성하여 핀 정보를 설정해준다. 핀 설정이 끝나면 Implementation과 Bitstream 파일을 생성하고, 실습 보드와 컴퓨터를 연결하여 (name).bit 파일을 실습 보드에 로딩한다.

비트 파일을 로딩하고 스위치와 LED를 사용하여 동작 검증을 한다. 스위치를 올리면 입력 신호 '1'이 감지되고 내리면 입력 신호 '0'이 감지된다. 이때 무어 머신의 상태에 따른 출력은 LED에 표시되는데 LED에 녹색등이 켜질 경우, 신호 '1'이 감지되고 LED에 불이 꺼지면 신호 '0'이 감지된다.

표 9.1 신호 이름과 할당된 입/출력 핀

신호 이름	입/출력	장치 종류	키트 이름	핀 번호
clk	입력	clock input	clock	R4
rst	입력	PUSH 스위치	reset_sw	U7
bypass	입력	DIP 스위치	SW1	J4
dout[0]	출력	LED	LD1	F15
dout[1]	출력	LED	LD2	F13

■ **무어 머신의 실습 과정**

① Vivado 소프트웨어를 실행시키고 project 파일을 생성한다. - (2장 2.1절 참조)

② Verilog 코드를 작성하고 시뮬레이션을 진행한다. - (2장 2.2절, 2.3절 참조)

③ 시뮬레이션 파형의 작동을 확인 후에 합성을 진행한다. - (2장 2.4절 참조)

④ 합성된 디자인을 열고 핀 정보를 할당하고 xdc 파일을 생성한다. - (2장 2.6절 참조)

⑤ Implementation과 Bitstream 과정을 진행하여 bit 파일을 생성한다. - (2장 2.7절 참조)

⑥ 실습 보드에 bit 파일을 로딩한다. - (2장 2.7절 참조)

⑦ 보드의 입력과 출력장치를 활용하여 동작 검증을 한다. 보드의 SW1 입력을 변경하여 LED 출력을 관찰하고 동작 검증을 한다.

10

밀리 머신

유한상태머신(Finite State Machine) 은 무어(Moore) 머신과 밀리(Mealy) 머신으로 구분된다. 밀리 머신은 무어 머신과 달리 현재 상태와 입력의 값에 의해 출력이 결정되는 회로이다. 본 강의 교재에서는 시퀀스 검출기를 Verilog 코드로 설계하고 구현하였다. 그림 10.1은 연속 비트 검출을 위한 밀리 머신의 프로그램도이다. 그림과 같이 0 또는 1이 연속해서 입력되면 1을 출력하는 시퀀스 검출기 회로는 밀리 머신을 이용하여 설계될 수 있다. 그림 10.2는 밀리 머신의 상태도이다. 입력 din의 값과 FSM의 상태에 따라 상태 천이가 일어나는 것을 확인할 수 있다. start 상태에서 입력 din의 값이 '0' 혹은 '1'이면, 다음 상태는 rd0_once 상태 혹은 rd1_once 상태가 된다. 다음 입력 din의 값에 따라 천이되는 상태는 두 가지가 있는데, '0' 혹은 '1' 값이 두 번 입력되거나 한 번 입력되는 경우가 있다. 이때 '0' 혹은 '1'이 두 번 입력되면 '1' 값이 출력되고 한 번 입력되면 '0' 값이 출력된다.

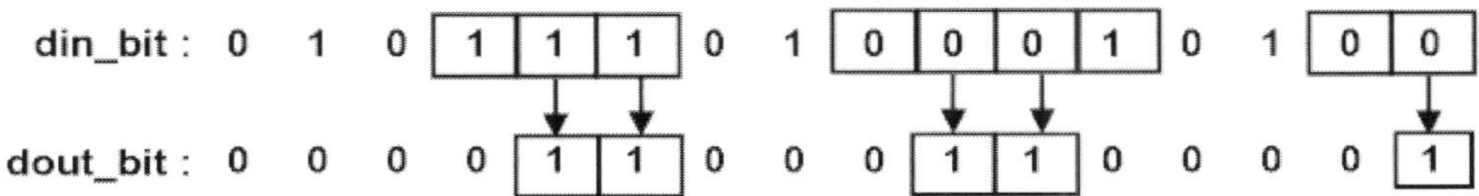

그림 10.1 시퀀스 검출기의 밀리 머신 프로그램도

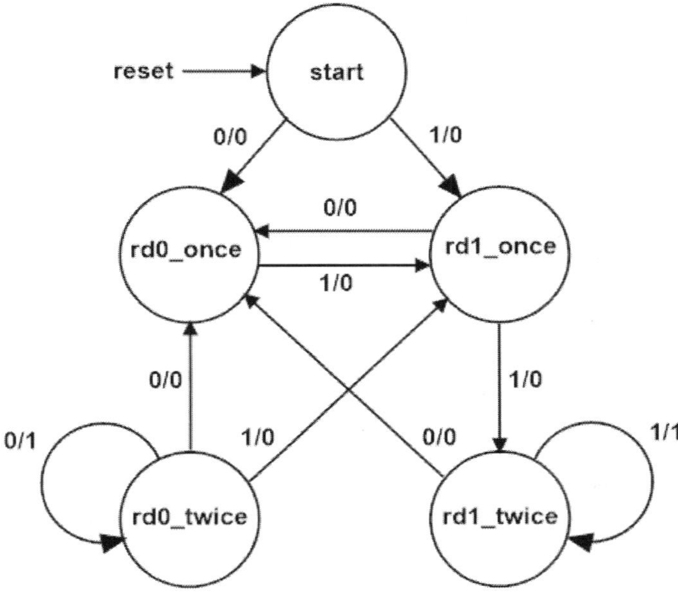

그림 10.2 밀리 머신의 상태도

그림 10.3은 그림 10.2의 밀리 머신의 Verilog 코드이다. 밀리 머신의 5개의 상태를 parameter로 지정하고 첫 번째 always 문구는 if문을 사용하여 밀리 머신의 상태 천이를 표현하였고 두 번째 always 문구는 if 문을 사용하여 각 상태의 출력을 표현하였다.

📥 **코드 10-1. 밀리 머신의 Verilog 코드**

```verilog
`timescale 1ns / 1ps

module FSM_Mealy(clk, rst, din_bit, dout_bit);
  input    clk, rst, din_bit;
  output   dout_bit;
  reg    [2:0]    state_reg, next_state;

  parameter       start     = 3'b000;
  parameter       rd0_once  = 3'b001;
  parameter       rd1_once  = 3'b010;
  parameter       rd0_twice = 3'b011;
  parameter       rd1_twice = 3'b100;


always @(state_reg or din_bit) begin
   case (state_reg)
      start    : if (din_bit== 0)          next_state<= rd0_once;
                 else if (din_bit== 1)     next_state<= rd1_once;
              else                         next_state<= start;
      rd0_once  : if (din_bit== 0)         next_state<= rd0_twice;
                 else if (din_bit== 1)     next_state<= rd1_once;
              else                         next_state<= start;
      rd0_twice : if (din_bit== 0)         next_state<= rd0_twice;
                 else if (din_bit== 1)     next_state<= rd1_once;
              else                         next_state<= start;
      rd1_once  : if (din_bit== 0)         next_state<= rd0_once;
                 else if (din_bit== 1)     next_state<= rd1_twice;
              else                         next_state<= start;
      rd1_twice : if (din_bit== 0)         next_state<= rd0_once;
                 else if (din_bit== 1)     next_state<= rd1_twice;
              else                         next_state<= start;
      default :                            next_state<= start;
```

```verilog
    endcase
end


always @(posedge clk or negedge rst) begin
    if (!rst) state_reg<= start;
    else          state_reg<= next_state;
end


assign dout_bit= (((state_reg== rd0_twice) && (din_bit== 0) ¦¦
                   (state_reg== rd1_twice) && (din_bit== 1))) ? 1 : 0;


endmodule
```

그림 10.3 밀리 머신의 Verilog 코드

코드 10-2. 밀리 머신의 테스트 벤치 코드

```verilog
`timescale 1ns / 1ps

module tb_FSM_Mealy;

    reg   clk, rst, din_bit;
    wire  dout_bit;

    FSM_Mealy U0 (.clk(clk), .rst(rst), .din_bit(din_bit), .dout_bit(dout_bit));

    initial begin
        rst= 0;
     #30  rst= 1;
        end
    initial begin
        clk= 1'b0;
        forever #10 clk= ~clk;
    end
    always begin
        din_bit= 0;
     #40  din_bit= 1;
```

```
        #60   din_bit= 0;
        #20   din_bit= 1;
        #40   din_bit= 0;
        #80   din_bit= 1;
        #20   din_bit= 0;
        #60   din_bit= 1;
        #80   din_bit= 0;
        #20   din_bit= 1;
        #20   din_bit= 0;
        #60   din_bit= 1;
        #40   din_bit= 0;
      end
    endmodule
```

그림 10.4 밀리 머신의 테스트 벤치 코드

그림 10.4는 시퀀스 검출기의 밀리 머신의 테스트 벤치 코드이다. 밀리 머신의 **din_bit**의 값이 연속으로 '0'이 들어가는 경우와 들어가지 않는 경우, **din_bit**의 값이 연속으로 '1'이 들어가는 경우와 들어가지 않는 경우의 값을 입력으로 주었다. 그림 10.5는 테스트 벤치를 구동한 시뮬레이션 파형이다. 그림과 같이 **din_bit** 신호가 연속으로 '0' 혹은 '1'일 때 출력 dout_bit은 신호 '1'을 출력한다.

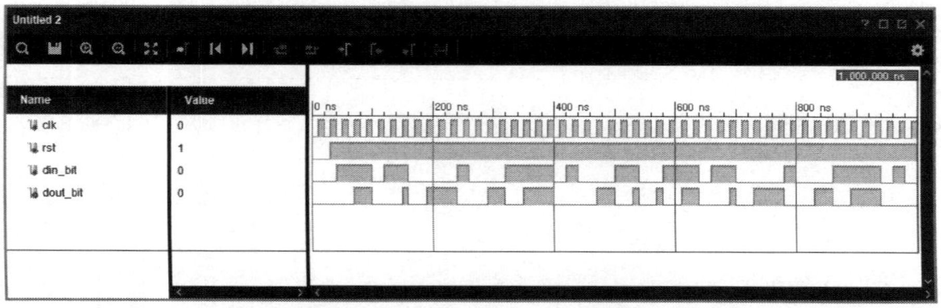

그림 10.5 밀리 머신의 시뮬레이션 파형

밀리 머신을 실제 보드에 다운로드 하려면 분주 회로를 사용해야 한다. 보드의 높은 주파수 때문에 상태 천이를 확인하기 어렵다. 그림 10.6은 분주 회로를 사용한 밀리 머신의 블록도이다. 그림에서 보여주는 바와 같이 분주 회로를 사용하여 밀리 머신에 들어가는 입력 clk은 1Hz의 주파수를 가진다. 1Hz의 주파수를 입력으로 받는 밀리 머신을 FSK III 보드에 다운로드 하면 상태 천이를 쉽게 확인할 수 있다. 그림 10.7은 분주 회로의 Verilog 코드이다.

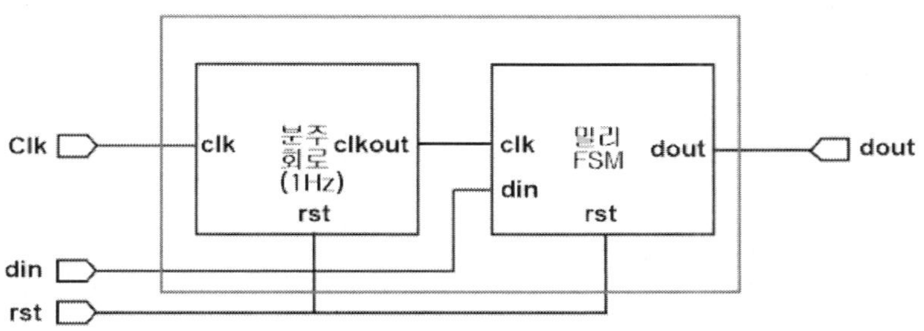

그림 10.6 밀리 머신의 블록도

코드 10-3. 분주 회로의 Verilog Code

```verilog
module counter_1hz(clk,rst,q);
input clk;
input rst;
output q;

reg[26:0] tmp;
regi_ce;
    always@(posedgeclkor negedgerst)begin
    if(!rst)begin
    tmp<={27{1'b0}};
    i_ce<=1'b0;
    end
    else begin
    if(tmp==27'b101111101011110000100000000 )begin
    tmp<={27{1'b0}};
    i_ce<=1'b1;
    end
    else begin
    tmp<=tmp+1'b1;
    i_ce<=1'b0;
    end
```

```verilog
        end
    end

    assign q=i_ce;
endmodule
```

그림 10.7 분주 회로의 Verilog 코드

코드 10-4. 밀리 머신의 최상위 모듈

```verilog
module Top_module(clk, rst, din_bit, led);
    input clk;
    input rst;
    input din_bit;
    output led;
    wire        clk_1hz;


    counter_1hz u0 (
            .clk(clk),
            .rst(rst),
            .q(clk_1hz)
            );

    Fsm_Mealy u1 (
            .clk(clk_1hz),
            .rst(rst),
            .din_bit(din_bit),
            .dout_bit(led)
            );

endmodule
```

그림 10.8 밀리 머신의 최상위 모듈

시뮬레이션이 끝나면 실습 보드를 활용하여 동작 검증을 시작한다. 실습 보드의 DIP 스위치로 입력 신호 din_bit를 할당하고 LED에 출력 신호를 할당한다. 표 10.1은 입력 신호와 출력 신호의 핀 할당 정보이다. 아래 정보를 가지고 Verilog 코드를 합성 후에 xdc 파일을 작성하여 핀 정보를 설정해준다. 핀 설정이 끝나면 Implementation과 Bitstream 파일을 생성하고, 실습 보드와 컴퓨터를 연결하여 (name).bit 파일을 실습 보드에 로딩한다.

비트 파일을 로딩하고 스위치와 LED를 사용하여 동작 검증을 한다. 스위치를 올리면 입력 신호 '1'이 감지되고 내리면 입력 신호 '0'이 감지된다. 이때 밀리 머신의 상태에 따른 출력은 LED에 표시되는데 LED에 녹색등이 켜질 경우, 신호 '1'이 감지되고 LED에 불이 꺼지면 신호 '0'이 감지된다. 예를 들어 스위치의 상태가 2초이상 유지될 경우, 출력 LED는 불이 켜지게 된다.

표 10.1 신호 이름과 할당된 입/출력 핀

신호 이름	입/출력	장치 종류	키트 이름	핀 번호
clk	입력	clock input	clock	R4
rst	입력	PUSH 스위치	reset_sw	U7
din	입력	DIP 스위치	SW1	J4
dout	출력	LED	LD1	F15

■ 밀리 머신의 실습 과정

① Vivado 소프트웨어를 실행시키고 project 파일을 생성한다. - (2장 2.1절 참조)

② Verilog 코드를 작성하고 시뮬레이션을 진행한다. - (2장 2.2절, 2.3절 참조)

③ 시뮬레이션 파형의 작동을 확인 후에 합성을 진행한다. - (2장 2.4절 참조)

④ 합성된 디자인을 열고 핀 정보를 할당하고 xdc 파일을 생성한다. - (2장 2.6절 참조)

⑤ Implementation과 Bitstream 과정을 진행하여 bit 파일을 생성한다. - (2장 2.7절 참조)

⑥ 실습 보드에 bit 파일을 로딩한다. - (2장 2.7절 참조)

⑦ 보드의 입력과 출력장치를 활용하여 동작 검증을 한다. 보드의 SW1 입력이 2초 이상 유지될 경우 LED 출력을 관찰하고 동작 검증을 한다.

11

Up-down 계수기

계수기 회로는 클록 펄스가 발생할 때마다 값을 증가 또는 감소시키는 회로이며, 디지털 시계 설계에 사용되는 순차 회로이다. 계수기는 플립플롭과 조합 논리 회로가 결합된 형태로 구성되며, Verilog의 덧셈 연산자와 뺄셈 연산자로 모델링 될 수 있다. 그림 11.1은 up-down 계수기의 Verilog 코드이다. en 신호가 1일 때 계수기의 값은 클록의 상승 에지에서 1씩 증가하고 en 신호가 0일 때는 계수기의 값은 클록의 상승 에지에서 1씩 감소하게 된다.

코드 11-1. up-down 계수기의 Verilog 코드

```verilog
`timescale 1ns / 1ps

module cnt_8_ud(clk, rst, en, q);
    input clk;
    input rst;
    input en;
    output [3:0] q;

    reg [3:0] tmp;

    always @(posedge clk or negedge rst)begin
    if(~rst)begin
        tmp<=8'h00;
    end
    else begin
        if(en)begin
            tmp<=tmp+ 1'b1;
        end
    else begin
        tmp<=tmp-1'b1;
    end
    end
    end

    assign q = tmp;

endmodule
```

그림 11.1 Up-down 계수기의 Verilog 코드

그림 11.2는 up-down 계수기의 테스트 벤치 코드이다. 계수기의 en 입력을 200ns 단위로 구현을 하고 시뮬레이션을 하였다. 그림 11.3는 테스트 벤치를 구동한 시뮬레이션 파형이다. 그림과 같이 en 신호가 '0'일 때 up-down 계수기의 출력 상태는 1씩 감소하고, en 신호가 '1'일 때 up-down 계수기의 출력 상태는 1씩 증가한다.

코드 11-2. Up-down 계수기의 테스트 벤치 코드

```verilog
`timescale 1ns / 1ps

module tb_cnt_8_ud;

    reg clk, rst, en;
    wire [3:0] q;

    cnt_8_ud U0 (clk, rst, en, q);

    initial begin
        clk = 1'b0;
        rst = 1'b0;
        en = 1'b0;
        #100;
        rst = 1'b1; en = 1'b0; #200;
        rst = 1'b1; en = 1'b1; #200;
        $finish;
    end
    always #10 clk = ~clk;
endmodule
```

그림 11.2 Up-down 계수기의 테스트 벤치 코드

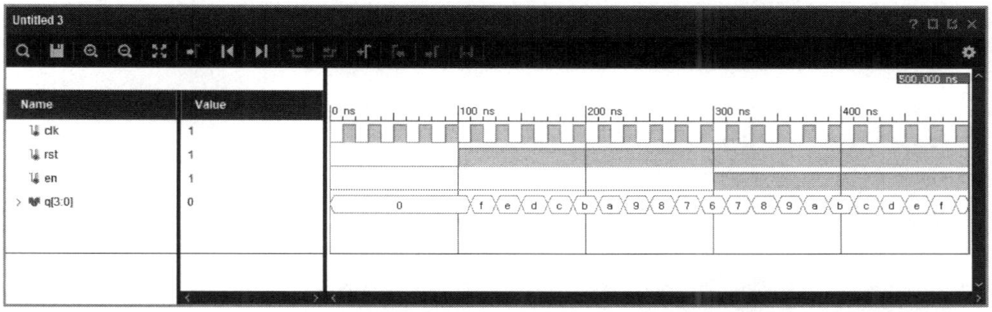

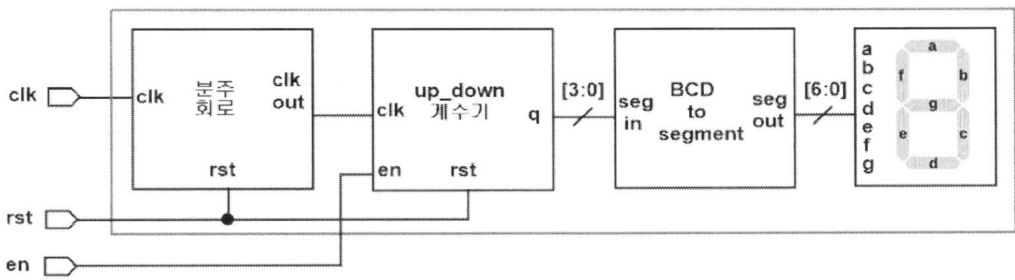

그림 11.3 Up-down 계수기의 시뮬레이션 파형

up-down 계수기를 실제 보드에 다운로드 하려면 분주 회로를 사용해야 한다. 보드의 높은 주파수 때문에 계수 상태를 확인하기 어렵다. 그림 11.4는 분주 회로를 사용한 up-down 계수기의 블록도이다. 그림에서 보여주는 바와 같이 분주 회로를 사용하여 up-down 계수기에 들어가는 입력 clk은 1Hz의 주파수를 가진다. 1Hz의 주파수를 입력으로 받는 up-down 계수기를 FSK III 보드에 다운로드 하면 계수 상태를 쉽게 확인할 수 있다. 그림 11.5는 분주 회로의 Verilog 코드이다.

그림 11.4 Up-down 계수기의 블록도

> **코드 11-3. 분주 회로의 Verilog 코드**

```verilog
module counter_1hz(clk,rst,q);
input clk;
input rst;
output q;

reg[26:0] tmp;
regi_ce;
    always@(posedgeclkor negedgerst)begin
    if(!rst)begin
    tmp<={27{1'b0}};
    i_ce<=1'b0;
    end
    else begin
    if(tmp==27'b101111110101111110000100000000 )begin
    tmp<={27{1'b0}};
    i_ce<=1'b1;
    end
    else begin
    tmp<=tmp+1'b1;
    i_ce<=1'b0;
    end
    end
    end

    assign q=i_ce;
endmodule
```

그림 11.5 분주 회로의 Verilog 코드

그림 11.6은 7-segment의 구현하기 위한 Verilog 코드이다. 7-segment는 7개의 LED 조각으로 구성된 하드웨어이다. 그림 11.4의 블록도에서 보여주는 바와 같이 특정된 LED만을 켜면 숫자가 표시되는 것이다. 예를 들어 숫자 0을 표시하고 싶다면, a, b, c, d, e, f LED만 켜지면 숫자 0이 표시된다.

코드 11-4. 7-segment의 Verilog 코드

```verilog
module int2seg1 (seg_in, seg_out);
    input                   [3:0]   seg_in;
    output reg[6:0]         seg_out;

    always@(seg_in) begin
    if (seg_in== 0) seg_out<= 7'b011_1111;   //gfedcba
    else if(seg_in== 1)     seg_out<=7'b000_0110;
    else if(seg_in== 2)     seg_out<=7'b101_1011;
    else if(seg_in== 3)     seg_out<=7'b100_1111;
    else if(seg_in== 4)     seg_out<=7'b110_0110;
    else if(seg_in== 5)     seg_out<=7'b110_1101;
    else if(seg_in== 6)     seg_out<=7'b111_1101;
    else if(seg_in== 7)     seg_out<=7'b000_0111;
    else if(seg_in== 8)     seg_out<=7'b111_1111;
    else if(seg_in== 9)     seg_out<=7'b110_1111;
    else if(seg_in== 10)    seg_out<=7'b111_0111;
    else if(seg_in== 11)    seg_out<=7'b111_1100;
    else if(seg_in== 12)    seg_out<=7'b011_1001;
    else if(seg_in== 13)    seg_out<=7'b011_1111;
    else if(seg_in== 14)    seg_out<=7'b111_1001;
    else                    seg_out<=7'b111_0001;
    end
endmodule
```

그림 11.6 7-segment의 Verilog 코드

코드 11-5. Up-down 계수기의 최상위 모듈

```verilog
module top_module(clk,seg,en,rst,digit);
    input clk;
    input en;
    input rst;
    output [6:0] seg;
    output [1:0] digit;

    wire clk_1hz;
    wire [3:0]    cnt_value;
    assign digit=2'b11;

    counter_1hz u0(
            .clk(clk),
            .rst(rst),
            .q(clk_1hz));

    cnt_8_ud u1(
            .clk(clk_1hz),
            .rst(rst),
            .en(en),
            .q(cnt_value));

    int2seg1 u2(
            .seg_in(cnt_value),
            .seg_out(seg));
    endmodule
```

그림 11.7 Up-down 계수기의 최상위 모듈

시뮬레이션이 끝나면 실습 보드를 활용하여 동작 검증을 시작한다. 실습 보드의 DIP 스위치로 입력 신호 en을 할당하고 7-segment에 출력 신호를 할당한다. 표 11.1은 입력 신호와 출력 신호의 핀 할당 정보이다. 아래 정보를 가지고 Verilog 코드를 합성 후에 xdc 파일을 작성하여 핀 정보를 설정해준다. 핀 설정이 끝나면 Implementation과 Bitstream 파일을 생성하고, 실습 보드와 컴퓨터를 연결하여 (name).bit 파일을 실습 보드에 로딩한다.

비트 파일을 로딩하고 스위치와 7-segment를 사용하여 동작 검증을 한다. 스위치를 올리면 입력 신호 '1'이 감지되고 내리면 입력 신호 '0'이 감지된다. 이때 en 신호가 '0'이면 출력 7-segment는 1씩 감소되고, en 신호가 '1'이면 출력 7-segment는 1씩 증가된다.

표 11.1 신호 이름과 할당된 입/출력 핀

신호 이름	입/출력	장치 종류	키트 이름	핀 번호
clk	입력	clock input	clock	R4
rst	입력	PUSH 스위치	reset_sw	U7
en	입력	DIP 스위치	SW1	J4
digit[0]	출력	SEGMENT	DIGIT1	E14
digit[1]	출력	SEGMENT	DIGIT2	E16
seg[0]	출력	SEGMENT	SEG_A	D20
seg[1]	출력	SEGMENT	SEG_B	C20
seg[2]	출력	SEGMENT	SEG_C	C22
seg[3]	출력	SEGMENT	SEG_D	B22
seg[4]	출력	SEGMENT	SEG_E	B21
seg[5]	출력	SEGMENT	SEG_F	A21
seg[6]	출력	SEGMENT	SEG_G	E22

▪ Up-down 계수기의 실습 과정

① Vivado 소프트웨어를 실행시키고 project 파일을 생성한다. - (2장 2.1절 참조)

② Verilog 코드를 작성하고 시뮬레이션을 진행한다. - (2장 2.2절, 2.3절 참조)

③ 시뮬레이션 파형의 작동을 확인 후에 합성을 진행한다. - (2장 2.4절 참조)

④ 합성된 디자인을 열고 핀 정보를 할당하고 xdc 파일을 생성한다. - (2장 2.6절 참조)

⑤ Implementation과 Bitstream 과정을 진행하여 bit 파일을 생성한다. - (2장 2.7절 참조)

⑥ 실습 보드에 bit 파일을 로딩한다. - (2장 2.7절 참조)

⑦ 보드의 입력과 출력장치를 활용하여 동작 검증을 한다. 보드의 SW1 입력에 따른 7-segment 의 상태를 관찰하고 동작 검증을 한다.

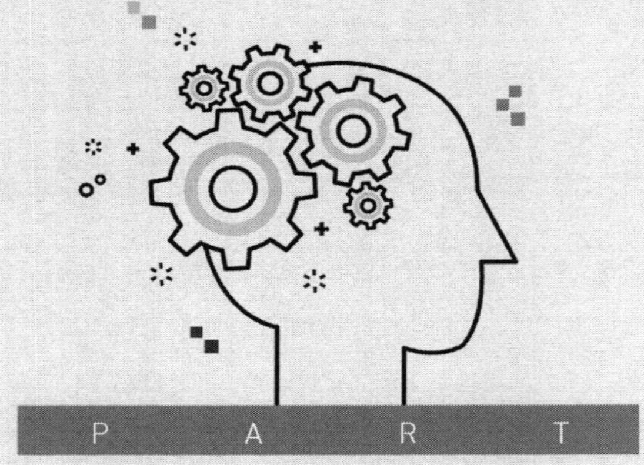

4

디지털 시스템 설계

12

신호등 제어기의 설계

교통신호등 제어기는 FSM을 사용한 상태 천이도로 표현할 수 있다. 본 강의교재에서는 직각 교차로에서 차량은 직진만 할 수 있으며 차량이 가로 방향으로 이동하면 세로 방향 차량은 대기해야 하고, 반대로 세로 방향의 차량이 이동하면 가로 방향의 차량이 대기해야 한다. 그림 12.1은 교통신호등 제어기의 상태도이다. 교통신호등의 초기 상태는 YY이다. YY는 대기 상태이며, 대기 상태가 해제되면 신호등은 정상적으로 작동을 한다. 대기 상태의 다음 상태로는 RY 상태이다. 예를 들어, 가로 방향이 Red 상태이고 세로 방향이 Yellow 상태를 말한다. 그 다음 상태는 RG 상태이다. 이 상태는 가로 방향이 Red이고 세로 방향이 Green 상태이며, 세로 방향으로만 차량이 이동 가능한 상태이다. 이 교통신호등의 상태 천이도는 YY → RY → GR → YR → RG → RY 상태로 이루어진다.

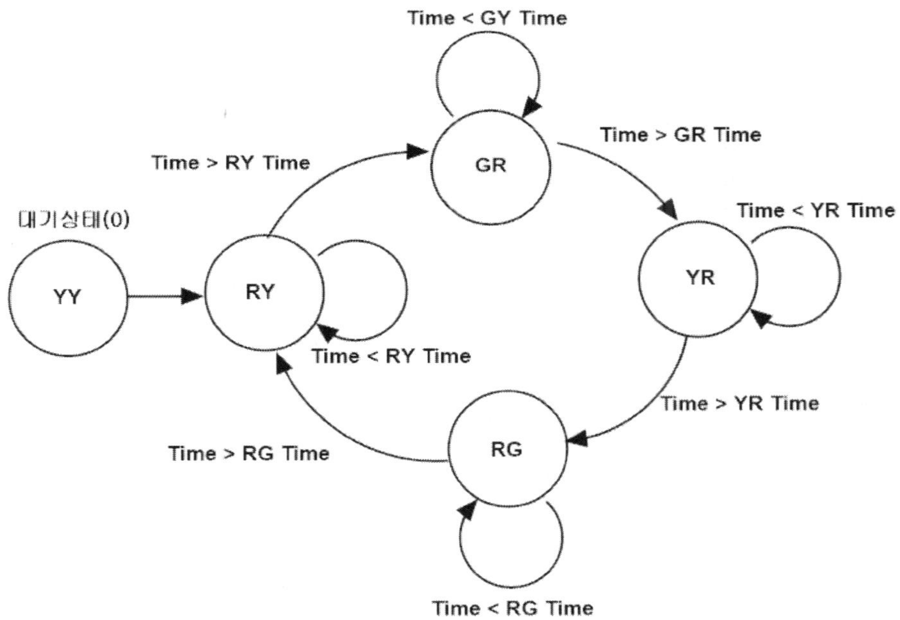

그림 12.1 교통신호등 제어기의 상태도

그림 12.2는 교통신호등 제어기의 Verilog 코드이다. 교통신호등 5개의 상태를 parameter로 지정하고 첫 번째 always 문구는 if문을 사용하여 교통신호등의 상태 천이를 표현하였고 두 번째 always 문구는 case 문을 사용하여 각 상태의 출력을 표현하였다.

📥 코드 12-1. 교통신호등 제어기의 Verilog Code

```verilog
`timescale 1ns / 1ps

module traffic_light(clk, rst, G1,Y1, R1,G2, Y2,R2 );
    input               clk, rst/*, test*/;
    output     G1,Y1, R1,G2, Y2,R2;

    parameter         YY=3'b000, RY=3'b001, GR=3'b010, YR=3'b011, RG=3'b100;
    reg [2:0]         state=YY;

    parameter         RGTime=10, RYTime=3, GRTime=15, YRTime=3;

    integer           TimeCnt, onTime;

    reg       G1=1'b0, Y1=1'b0, R1=1'b0;
    reg       G2=1'b0, Y2=1'b0, R2=1'b0;
    always @ (posedge clk or negedge rst) begin
        if (!rst) begin
            state <= YY;
            TimeCnt <= 0;
        end    else
            case(state)
                RG: begin

                    onTime <= RGTime;
                    TimeCnt <= TimeCnt + 1;
                    if (TimeCnt == onTime) begin
                        state <= RY;
                        TimeCnt <= 0;
                    end;
                end

                RY: begin

                    onTime <= RYTime;
                    TimeCnt <= TimeCnt + 1;
                    if (TimeCnt == onTime) begin
                        state <= GR;
                        TimeCnt <= 0;
                    end;
                end
```

```verilog
            GR: begin

                onTime <= GRTime;
                TimeCnt <= TimeCnt + 1;
                if (TimeCnt == onTime) begin
                    state <= YR;
                    TimeCnt <= 0;
                end;
            end

            YR: begin

                onTime <= YRTime;
                TimeCnt <= TimeCnt + 1;
                if (TimeCnt == onTime) begin
                    state <= RG;
                    TimeCnt <= 0;
                end
            end

            YY:
                state <= RY;
        endcase

end
always @ (state) begin
    case(state)
        RG:begin
            R1 <= 1'b1; Y1 <= 1'b0; G1 <= 1'b0;
            R2 <= 1'b0; Y2 <= 1'b0; G2 <= 1'b1;
            end
        RY:begin
            R1 <= 1'b1; Y1 <= 1'b0; G1 <= 1'b0;
            R2 <= 1'b0; Y2 <= 1'b1; G2 <= 1'b0;
            end
        GR:begin
            R1 <= 1'b0; Y1 <= 1'b0; G1 <= 1'b1;
            R2 <= 1'b1; Y2 <= 1'b0; G2 <= 1'b0;
            end
        YR:begin
```

```verilog
                    R1 <= 1'b0; Y1 <= 1'b1; G1 <= 1'b00;
                    R2 <= 1'b1; Y2 <= 1'b0; G2 <= 1'b0;
                    end
                YY:begin
                    R1 <= 1'b0; Y1 <= 1'b1; G1 <= 1'b0;
                    R2 <= 1'b0; Y2 <= 1'b1; G2 <= 1'b0;
                    end
                default:;
            endcase
        end
    endmodule
```

그림 12.2 교통신호등 제어기의 Verilog 코드

그림 12.3은 교통신호등 제어기의 테스트 벤치 코드이고 그림 12.4는 시뮬레이션 파형이다. 그림과 같이 교통신호등의 상태는 RY → GR → YR → RG → RY 상태로 천이된다.

코드 12-2. 교통 신호등 제어기의 테스트 벤치 코드

```verilog
`timescale 1ns / 1ps

module tb_traffic_light;
    reg clk, rst;
    wire G1, Y1, R1, G2, Y2, R2;

    traffic_light U0 (clk, rst, G1,Y1, R1,G2, Y2,R2 );
    initial begin
    clk = 1'b0;
    rst = 1'b0;
    #100;
    rst = 1'b1;
    #700;
    $finish;
    end
    always #5 clk = ~clk;
endmodule
```

그림 12.3 교통신호등 제어기의 테스트 벤치 코드

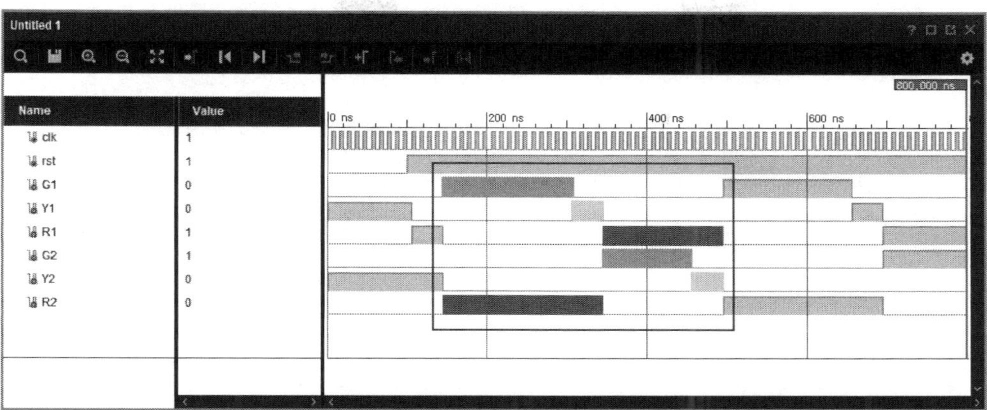

그림 12.4 교통신호등 제어기의 시뮬레이션 파형

교통신호등 제어기를 실제 보드에 다운로드 하려면 분주 회로를 사용해야 한다. 보드의 높은 주파수 때문에 계수 상태를 확인하기 어렵다. 분주 회로를 사용하여 교통신호등 제어기에 들어가는 입력 clk은 1Hz의 주파수를 가진다. 1Hz의 주파수를 입력으로 받는 교통신호등 제어기를 FSK III 보드에 다운로드 하면 신호등 상태를 쉽게 확인할 수 있다. 그림 12.5는 분주 회로의 Verilog 코드이고 그림 12.6은 교통신호등 제어기의 최상위 모듈이다.

코드 12-3. 분주 회로의 Verilog 코드

```verilog
`timescale 1ns / 1ps

module frq_clk_1hz (clk, reset, clk_out);
    parameter  main_clk=100000000, output_freq=1;
    parameter  clk_hilow_cnt_value=((main_clk/output_freq)/2)-1;
    input      clk;
    input      reset;
    output reg clk_out;


    integer    clk_cnt;


    always@(negedge reset, posedge clk) begin
    if (reset == 1'b0) begin
```

```
            clk_cnt        <= 0;
            clk_out        <= 1'b0;
        end else begin
        if (clk_cnt== clk_hilow_cnt_value) begin
            clk_cnt  <=0;
            clk_out        <= ~clk_out;
        end else
            clk_cnt        <=clk_cnt+1;
        end
        end
    endmodule
```

그림 12.5 분주 회로의 Verilog 코드

코드 12-4. 교통신호등 제어기의 최상위 모듈

```
module Top_module(clk, rst,  G1,Y1, R1,G2, Y2, R2);
    input      clk, rst;
    output     G1,Y1, R1,G2, Y2,R2;
    wire clk_1hz;
    frq_clk_1hz u0 (clk, rst, clk_1hz);
    traffic_light u1 (clk_1hz, rst, G1,Y1, R1,G2, Y2,R2 );
endmodule
```

그림 12.6 교통신호등 제어기의 최상위 모듈

시뮬레이션이 끝나면 실습 보드를 활용하여 동작 검증을 시작한다. 실습 보드의 PMOD_JA[0]-[2], PMOD_JA[4]-[6] 번 핀에 출력 LED를 할당한다. 표 12.1은 입력 신호와 출력 신호의 핀 할당 정보이다. 아래 정보를 가지고 Verilog 코드를 합성 후에 xdc 파일을 작성하여 핀 정보를 설정해준다. 핀 설정이 끝나면 Implementation과 Bitstream 파일을 생성하고, 실습 보드와 컴퓨터를 연결하여 (name).bit 파일을 실습 보드에 로딩한다.

비트 파일을 로딩하고 출력 LED를 사용하여 동작 검증을 한다. 그림 12.7은 외부 LED 와 실습 보드의 JA 핀에 연결하여 교통신호등을 구현한 화면이다.

표 12.1 신호 이름과 할당된 입/출력 핀

신호 이름	입/출력	장치 종류	키트 이름	핀 번호
clk	입력	clock input	clock	R4
rst	입력	PUSH 스위치	reset_sw	U7
G1	출력	LED	PMOD_JA	C13
Y1	출력	LED	PMOD_JA	B13
R1	출력	LED	PMOD_JA	A15
G2	출력	LED	PMOD_JA	A13
Y2	출력	LED	PMOD_JA	A14
R2	출력	LED	PMOD_JA	B17

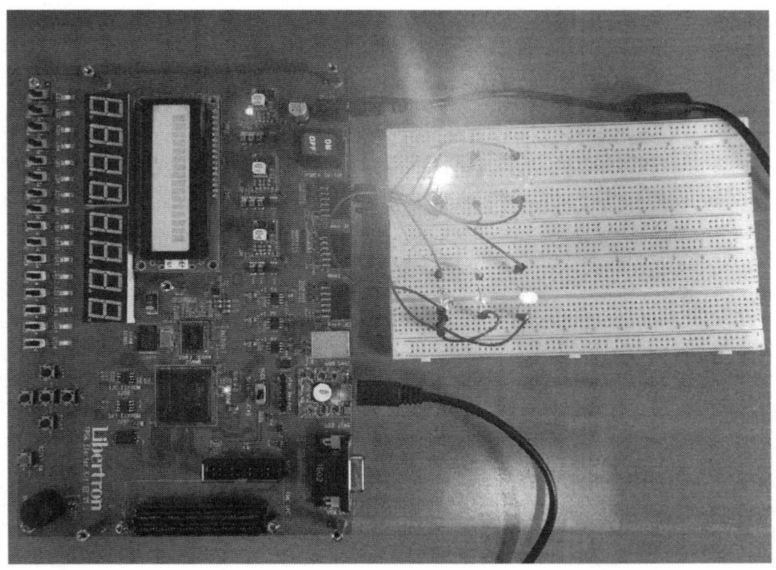

그림 12.7 교통신호등 제어기의 구현

■ 교통신호등 제어기의 실습 과정

① Vivado 소프트웨어를 실행시키고 project 파일을 생성한다. - (2장 2.1절 참조)

② Verilog 코드를 작성하고 시뮬레이션을 진행한다. - (2장 2.2절, 2.3절 참조)

③ 시뮬레이션 파형의 작동을 확인 후에 합성을 진행한다. - (2장 2.4절 참조)

④ 합성된 디자인을 열고 핀 정보를 할당하고 xdc 파일을 생성한다. - (2장 2.6절 참조)

⑤ Implementation과 Bitstream 과정을 진행하여 bit 파일을 생성한다. - (2장 2.7절 참조)

⑥ 실습 보드에 bit 파일을 로딩한다. - (2장 2.7절 참조)

⑦ 보드의 입력과 출력장치를 활용하여 동작 검증을 한다. 보드의 JA 핀에 세 가지 색상의 LED를 연결하여 상태를 관찰하고 동작 검증을 한다.

13

디지털 시계의 설계

디지털 시계는 앞서 배운 이론과 실습을 바탕으로 설계하는 가장 좋은 예이다. 디지털 시계는 크게 Control 블록, Debounce 블록, 클록 분주 회로, 계수기, 세그먼트 블록 등으로 구성된다. 디지털 시계를 설계하는 방법은 각각의 블록을 Verilog 코드로 설계하고 탑 레벨에서 맵핑을 시키는 것이다. 디지털 시계의 시작은 계수기로부터 시작된다. 초 계수기, 분 계수기, 시 계수기의 설계와 계수기 출력의 세그먼트 구현을 제대로 이해를 한다면 디지털 시계의 소스 코드를 쉽게 이해할 수 있다. 본 강의교재에서는 디지털 시계의 설계만 집중적으로 다루고 있고 향후 달력, 스톱워치, 알람 등의 부가 기능의 설계도 가능하다.

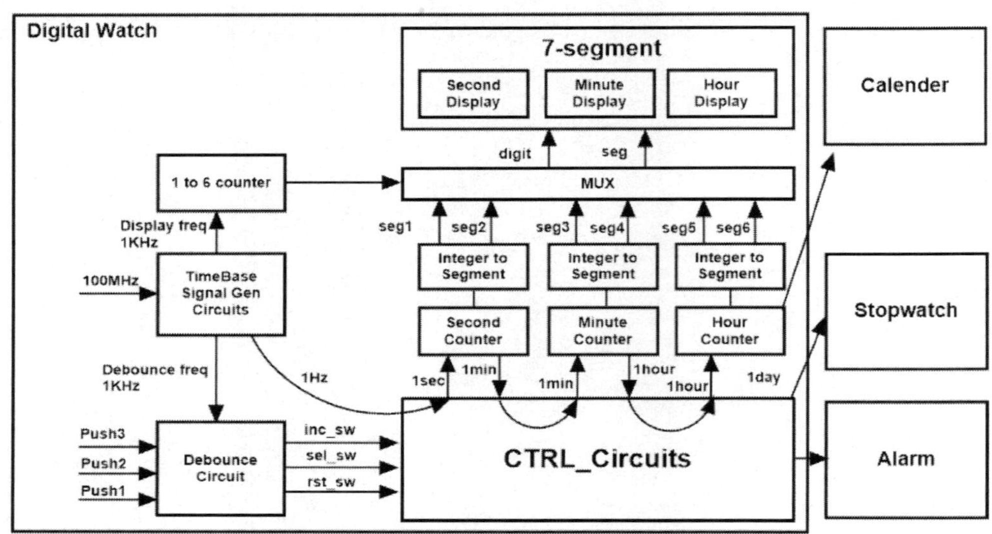

그림 13.1 디지털 시계의 블록 다이어그램

그림 13.2는 분주 회로의 Verilog 코드이다. 8장에서 분주 회로를 소개했듯이 분주 회로는 높은 주파수를 낮은 주파수로 바꿔준다. 디지털 시계는 초 단위를 기준으로 설계하기 때문에 1Hz 분주 회로가 필요하다.

```
코드 13-1. 분주 회로의 Verilog 코드

module TimeBase_Gen2 (clk, reset, clk_out);
    parameter      main_clk=50000000, output_freq=1000;
    parameter      clk_hilow_cnt_value=((main_clk/output_freq)/2)-1;
    input          clk;
    input          reset;
    output regclk_out;

    integer        clk_cnt;

    always@(negedgereset, posedgeclk) begin
    if (reset == 1'b0) begin
    clk_cnt        <= 0;
    clk_out        <= 1'b0;
    end else begin
    if (clk_cnt== clk_hilow_cnt_value) begin
    clk_cnt  <=0;
    clk_out        <= ~clk_out;
    end else
    clk_cnt        <=clk_cnt+1;
    end
    end
endmodule
```

그림 13.2 분주 회로의 Verilog 코드

그림 13.3은 Debounce 블록의 Verilog 코드이다. 이 회로는 Push 스위치, Dip 스위치 등의 기계적인 동작을 전기 신호로 바꿀 경우에 기계적인 떨림 동작이 전기 신호 그대로 나타나는 현상을 bouncing이라고 한다. 이러한 떨림 현상을 제거하기 위하여 Debounce 블록을 사용한다.

📥　**코드 13-2.** Debounce 회로의 Verilog 코드

```verilog
module debounce(clk, reset, sw1_in,sw1_out);
    input        clk;
    input        reset;
    input        sw1_in;
    output reg   sw1_out;

    reg  tmp_sw1;

    always@(negedge reset, negedge clk) begin
    if   (!reset) begin
    sw1_out <= 1'b1;            //Switch:ActionLow, steady state:high
    tmp_sw1 <= 1'b1;            //Switch:ActionLow, steady state:high
    end else begin             //falling edge
    tmp_sw1 <= sw1_in;
    sw1_out <= tmp_sw1;
    end
        end
endmodule
```

그림 13.3 Debounce 회로의 Verilog 코드

그림 13.4는 계수기 블록의 Verilog 코드이다. 이 코드는 초와 분에 사용될 0 - 59 계수기, 0 - 23 계수기의 설계에 사용된다.

> **코드 13-3. 계수기의 Verilog 코드**

```verilog
module counter (reset, clk_in, q , clk_out);
    parameter integer cnt_value=60;
    input       reset;
    input       clk_in;

    output reg[6:0] q;
    output reg  clk_out;

    always@(negedgereset, posedgeclk_in) begin
    if (!reset) begin
    q           <= 0;
    clk_out     <= 0;
    end else begin
    if (q == (cnt_value-1))begin
    q           <= 0;
    clk_out  <= 1'b1;
    end else begin
    q           <= q+1;
    clk_out     <= 1'b0;
    end
    end
end
endmodule
```

그림 13.4 계수기의 Verilog 코드

그림 13.5는 세그먼트 블록의 Verilog 코드이다. 이 코드는 계수기의 출력을 BCD 코드로 표시하기 위해 사용된 블록이다. FSK III 보드의 8개의 세그먼트 LED는 digit의 출력 설정으로 세그먼트 on/off 작동을 실행하고 8개의 세그먼트 LED는 서로 연결이 되어 있어 디코더를 사용하더라도 같은 숫자가 나온다. 예를 들어 세그먼트 8개의 신호 SEG_A는 서로 연결이 되어 있어 SEG_A 신호에 '1' 값을 주면 8개 세그먼트의 상단 LED에 불이 켜지게 된다. 이를 해결하기 위해서 세그먼트 블록은 0 - 99의 정수를 십의 자리 숫자와 일의 자리 숫자로 구현해주고 동적 방식의 스캔 체인 방법을 사용하여 6개의 세그먼트에 다른 숫자가 나타나도록 한다. 아래 코드는 if 문구를 사용하여 정수의 입

력이 90보다 클 때, 십의 자리 숫자는 9로 표시되고, 일의 자리 숫자는 정수에서 90을 뺀 숫자로 표시된다. 이러한 코드 유형으로 0 - 99까지의 정수를 BCD 코드로 변환하고 BCD 코드를 다시 세그먼트로 표시한다.

코드 13-4. 세그먼트 블록의 Verilog 코드

```verilog
module int2seg2 (reset, int_value, seg_10, seg_01);
    input        reset;
    input        [6:0] int_value;
    output       [6:0] seg_10;
    output       [6:0] seg_01;

    reg[3:0]     dec_10;
    reg[3:0]     dec_01;

    always@(reset, int_value) begin
    if(reset == 1'b0) begin
    dec_10       <=0;
    dec_01       <=0;
    end else if (int_value>= 90) begin
    dec_10  <=9;  dec_01 <= int_value- 90;

    end else if (int_value>= 80) begin
    dec_10  <=8;  dec_01 <= int_value- 80;

    end else if (int_value>= 70) begin
    dec_10  <=7;  dec_01 <= int_value- 70;

    end else if (int_value>= 60) begin
    dec_10  <=6;  dec_01 <= int_value- 60;
        end else if (int_value>= 50) begin
    dec_10  <=5;  dec_01 <= int_value- 50;

    end else if (int_value>= 40) begin
    dec_10  <=4;  dec_01 <= int_value- 40;

    end else if (int_value>= 30) begin
```

```
            dec_10   <=3;   dec_01 <= int_value- 30;

            end else if (int_value>= 20) begin
            dec_10   <=2;   dec_01 <= int_value- 20;

            end else if (int_value>= 10) begin
            dec_10   <=1;   dec_01 <= int_value- 10;

            end else begin
            dec_10   <=0;   dec_01 <= int_value;
            end
            end

            int2seg1 seg_10_ten (.int(dec_10), .seg(seg_10));
            int2seg1 seg_01_one (.int(dec_01), .seg(seg_01));
    endmodule
```

그림 13.5 세그먼트 블록의 Verilog 코드

그림 13.6은 BCD-to-세그먼트의 변환 코드이다. 이 코드는 BCD의 입력을 세그먼트로 표시하는 코드이다. 세그먼트 블록에서 생성된 십의 자리 숫자와 일의 자리 숫자를 세그먼트로 표시하는 코드이다.

코드 13-5. BCD-to-세그먼트 변환 코드

```
module int2seg1 (int, seg);
    input     [3:0]    int;
    output reg[6:0]     seg;

    always@(int) begin
    if (int== 0) seg<= 7'b100_0000;          //gfedcba
    else if(int== 1)        seg<=7'b111_1001;
    else if(int== 2)        seg<=7'b010_0100;
    else if(int== 3)        seg<=7'b011_0000;
    else if(int== 4)        seg<=7'b001_1001;
    else if(int== 5)        seg<=7'b001_0010;
    else if(int== 6)        seg<=7'b000_0010;
    else if(int== 7)        seg<=7'b111_1000;
    else if(int== 8)        seg<=7'b000_0000;
    else seg<=7'b001_1000;
    end
endmodule
```

그림 13.6 BCD-to-세그먼트 변환 코드

그림 13.7은 One-to-Six 계수기 코드이다. 이 코드는 동적 방식의 스캔 체인 방법을 사용하여 6개의 세그먼트가 동시에 다른 숫자가 나타나도록 한다.

코드 13-6. One-to-Six 계수기

```verilog
module Cnt_OneToSix( clk, reset, value);
    input        clk;
    input        reset;
    output reg   [2:0] value;


    always@(negedgereset, posedgeclk) begin
    if(!reset)
    value <=1;
    else begin
    if (value ==6)
    value    <= 1;
    else
    value    <= value + 1;
    end
    end
endmodule
```

그림 13.7 One-to-Six 계수기의 Verilog 코드

그림 13.8은 디지털 시계의 최상위 모듈의 Verilog 코드이다. Time-modify-mode는 시간 설정을 제어하기 위한 신호를 발생하여 Push 스위치를 누를 때마다 초, 분, 시간의 설정 화면을 출력한다. Control 블록은 Push 스위치를 누를 때마다 초, 분, 시간의 계수가 1씩 증가하여 시간 설정이 가능하도록 한다. 그리고 제일 마지막 always 문구는 동적 방식의 스캔 체인 방법을 사용한 코드이다. sel 신호는 높은 주파수에서 계수되고, 높은 주파수에서 계수되는 신호에 따라 세그먼트의 변환도 너무 빨라 사람의 눈으로 감지하지 못한다. 따라서, 출력되는 세그먼트의 숫자는 서로 다르게 표시되며 디지털 시계의 초, 분, 시간을 표시할 수 있다.

📥 코드 13-7. 디지털 시계의 최상위 모듈

```verilog
module digital_watch_01(clk, reset,push1,push2,push3,digit,seg, led);
    input               clk;
    input               reset;
    input               push1;
    input               push2;
    input               push3;
    output reg [5:0]    digit;
    output reg [6:0]    seg;
    output reg [3:0]    led;
        wire            tmp_reset;
    reg                 tmp_second_reset;
        wire            tmp_push1;
    wire                tmp_push2;
    wire                tmp_push3;
        wire            tmp_clk_1KHz, tmp_clk_100Hz;
    //wire              tmp_clk_1sec, tmp_clk_1min;
    //wire              tmp_clk_100Hz_in;
        wire            tmp_1sec_mux_in;
    wire                tmp_1min_mux_in;
    wire                tmp_1hour_mux_in;
        reg             tmp_1sec_mux_out;
    reg                 tmp_1min_mux_out;
    reg                 tmp_1hour_mux_out;
        wire [2:0]      sel;
    wire [6:0]          seg1, seg2, seg3;
    wire [6:0]          seg4, seg5, seg6;
    wire [5:0]          tmp_int_second;
    wire [5:0]          tmp_int_minute;
    wire [5:0]          tmp_int_hour;
        integer         time_modify_mode_select;
    //-----------------------------------------------------------------
    TimeBase_Gen2 u1_1KHz (
    .clk        (clk),              //50MHz input
    .reset      (reset),            //system reset
    .clk_out (tmp_clk_1KHz)         //1KHz output for debounce, mux
    );
    TimeBase_Gen2 #( .main_clk(50000000), .output_freq(1) )
```

```verilog
    u1_1Hz (
    .clk                    (clk),                  //50MHz input
    .reset                  (reset),                //system reset
    .clk_out                (tmp_1sec_mux_in)       //1Hz output for stopwatch
    );
    TimeBase_Gen2 #( .main_clk(50000000), .output_freq(100) )
    u1_100Hz (
    .clk                    (clk),                  //50MHz input
    .reset                  (reset),                //system reset
    .clk_out                (tmp_clk_100Hz)         //1Hz output for stopwatch
    );
    //----------------------------------------------------------------
        debounce    u2 (
        .clk        (tmp_clk_1KHz),
        .reset      (reset),
        .sw1_in     (push1),
        .sw1_out    (tmp_push1)
        );

        debounce    u3 (
        .clk        (tmp_clk_1KHz),
        .reset      (reset),
        .sw1_in     (push2),
        .sw1_out    (tmp_push2)
        );

        debounce    u4 (
        .clk        (tmp_clk_1KHz),
        .reset      (reset),
        .sw1_in     (push3),
        .sw1_out    (tmp_push3)
        );


//----------------------------------------------------------------
    // time modify mode
    always@ (negedge tmp_reset, posedge tmp_push2) begin
    if(tmp_reset == 1'b0)
        time_modify_mode_select     <=0;
    else begin
```

```verilog
            if(time_modify_mode_select == 3)
                time_modify_mode_select <=    0;
            else
                time_modify_mode_select <= time_modify_mode_select + 1;
            end
        end
//---------------------------------------------------------------
        assign tmp_reset =  ~tmp_push1 & reset;
    //---------------------------------------------------------------
    //Control Block Mux
    always@(time_modify_mode_select,        tmp_push3,        tmp_1sec_mux_in,
tmp_1min_mux_in, tmp_1hour_mux_in)
    begin
            case(time_modify_mode_select)

0 : begin
        tmp_second_reset     <= 1'b1;
        tmp_1sec_mux_out     <= tmp_1sec_mux_in;
        tmp_1min_mux_out     <= tmp_1min_mux_in;
        tmp_1hour_mux_out     <= tmp_1hour_mux_in;
        led                  <= 4'b0000;
    end
    1 : begin
        tmp_second_reset     <= 1'b1;
        tmp_1sec_mux_out     <= 1'b0;
        tmp_1min_mux_out     <= 1'b0;
        tmp_1hour_mux_out     <= tmp_push3;
        led                  <= 4'b0001;
    end
    2 : begin
        tmp_second_reset     <= 1'b1;
        tmp_1sec_mux_out     <= 1'b0;
        tmp_1min_mux_out     <= tmp_push3;
        tmp_1hour_mux_out     <= 1'b0;
        led                  <= 4'b0010;
    end
    3 : begin
        tmp_second_reset     <= tmp_push3;
        tmp_1sec_mux_out     <= 1'b0;
```

```verilog
                tmp_1min_mux_out          <= 1'b0;
                tmp_1hour_mux_out         <= 1'b0;
                led                       <= 4'b0011;
        end
        default : begin
                tmp_second_reset          <= 1'b1;
                tmp_1sec_mux_out          <= tmp_1sec_mux_in;
                tmp_1min_mux_out          <= tmp_1min_mux_in;
                tmp_1hour_mux_out         <= tmp_1hour_mux_in;
                led                       <= 4'b0000;
        end
    endcase
end
    //----------------------------------------------------------------
    counter second_counter (
        .reset              (tmp_second_reset),
        .clk_in             (tmp_1sec_mux_out),
        .q                  (tmp_int_second),
        .clk_out            (tmp_1min_mux_in)
        );
        int2seg2    second_output (
        .reset              (tmp_reset),
        .int_value          (tmp_int_second),
        .seg_10             (seg5),
        .seg_01             (seg6)
        );
    //----------------------------------------------------------------
    counter    minute_counter (
        .reset              (tmp_reset),
        .clk_in             (tmp_1min_mux_out),
        .q                  (tmp_int_minute),
        .clk_out            (tmp_1hour_mux_in)
        );
        int2seg2 minute_output (
        .reset              (tmp_reset),
        .int_value          (tmp_int_minute),
        .seg_10             (seg3),
        .seg_01             (seg4)
        );
```

```verilog
    //------------------------------------------------------------
        counter #( .cnt_value(24))
                hour_counter (
                .reset          (tmp_reset),
                .clk_in         (tmp_1hour_mux_out),
                .q              (tmp_int_hour),
                .clk_out        ()
                );

    int2seg2    hour_output (
        .reset          (tmp_reset),
        .int_value      (tmp_int_hour),
        .seg_10          (seg1),
        .seg_01          (seg2)
        );
//------------------------------------------------------------
  Cnt_OneToSix     u5(
    .clk             (tmp_clk_1KHz),
    .reset           (tmp_reset),
    .value           (sel)
    );
        always@(sel, seg1, seg2, seg3, seg4, seg5, seg6) begin
            if    (sel == 1) begin
                digit <= 6'b00_0001;    seg <= seg1;
            end
            if (sel == 2) begin
                digit <= 6'b00_0010;    seg <=seg2;
            end
            if (sel == 3) begin
                digit <= 6'b00_0100;    seg <=seg3;
            end
            if (sel == 4) begin
                digit <= 6'b00_1000;    seg <=seg4;
            end
            if (sel == 5) begin
                digit <= 6'b01_0000;    seg <=seg5;
            end
            if (sel == 6) begin
                digit <= 6'b10_0000;    seg <=seg6;
```

```
            end
        end
    endmodule
```

그림 13.8 디지털 시계의 최상위 모듈

표 13.1은 입력 신호와 출력 신호의 핀 할당 정보이다. 아래 정보를 가지고 Verilog 코드를 합성 후에 xdc 파일을 작성하여 핀 정보를 설정해준다. 핀 설정이 끝나면 Implementation 과 Bitstream 파일을 생성하고, 실습 보드와 컴퓨터를 연결하여 (name).bit 파일을 실습 보드에 로딩한다. 비트 파일을 로딩하고 PUSH 스위치를 사용하여 시간을 설정하고 동작 검증을 한다. 그림 13.9는 디지털 시계를 FSK III 보드에 구현한 화면이다.

표 13.1 신호 이름과 할당된 입/출력 핀

신호 이름	입/출력	장치 종류	키트 이름	핀 번호
clk	입력	clock input	clock	R4
rst	입력	PUSH 스위치	reset_sw	U7
push1	입력	PUSH 스위치	PUSH_SW_UP	E21
push2	입력	PUSH 스위치	PUSH_SW_LEFT	D21
push3	입력	PUSH 스위치	PUSH_SW_DOWN	G22
push4	입력	PUSH 스위치	PUSH_SW_RIGHT	F21
led[3]	출력	LED	LD1	F15
led[2]	출력	LED	LD2	F13
led[1]	출력	LED	LD3	F14
led[0]	출력	LED	LD4	F16
digit[5]	출력	SEGMENT	digit6	AB12
digit[4]	출력	SEGMENT	digit5	AB11
digit[3]	출력	SEGMENT	digit4	D14
digit[2]	출력	SEGMENT	digit3	D16
digit[1]	출력	SEGMENT	digit2	E16
digit[0]	출력	SEGMENT	digit1	E14

seg[6]	출력	SEGMENT	SEG_G	E22
seg[5]	출력	SEGMENT	SEG_F	A21
seg[4]	출력	SEGMENT	SEG_E	B21
seg[3]	출력	SEGMENT	SEG_D	B22
seg[2]	출력	SEGMENT	SEG_C	C22
seg[1]	출력	SEGMENT	SEG_B	C20
seg[0]	출력	SEGMENT	SEG_A	D20

그림 13.9 FSK III 보드에서 디지털 시계의 구현

FPGA Starter Kit III
User Manual

Libertron Co., LTD

본 설명서를 ㈜리버트론의 허락 없이 복제하는 행위는 금지되어 있습니다.

Contents

✓ Revision History

Ver	Date	Revision
1.0	2016-06-17	Initial Document Release.

1. FPGA Starter Kit Ⅲ 제품 설명

1.1 개요

- ✓ FPGA Starter Kit Ⅲ(이하 FSK Ⅲ)는 Xilinx 사의 최신 FPGA Device 인 Artix-7 을 적용한 FPGA 회로설계 검증용 장비로서 FPGA 를 통한 교육과정 및 디지털 회로 설계 개발에 적합한 제품입니다.

- ✓ FSK Ⅲ는 Display, Switch, Memory, Expansion Port 등의 주변 회로를 활용하여 다양한 디지털 회로 설계 및 검증을 수행할 수 있습니다.

1.2 제품의 특징

- ✓ 75,520 Logic Cell 의 Xilinx Artix-7 Series XC7A75T FPGA Device 탑재

- ✓ USB to JTAG Module 적용으로 별도의 JTAG Cable 필요없음

- ✓ USB to UART 적용으로 로직 회로 설계의 디버깅 편의성 제공

- ✓ 16x2 Character LCD, 7-Segment 8Digit, 16bit LED Display 지원

- ✓ RGB 444 VGA Port 및 Piezo Buzzer 지원

- ✓ Push Button 6EA 및 DIP Switch 16EA 입력 지원

- ✓ 256MB DDR3 SDRAM, 128KB SRAM, 128B I2C EEPROM, 128B SPI EEPROM 의 메모리 지원

- ✓ PMOD 3Port, FMC LPC 1Port, XADC 1Port 의 외부 확장 Port 지원

- ✓ 회로 보호용 아크릴판 적용으로 PCB 회로 보호

< FPGA Starter Kit Ⅲ Board >

2. 제품구성

구성	수량	제품 사진
FPGA Starter Kit Ⅲ Board	1	
DPS Module (Option)	1	

구성	수량	제품 사진
USB Type-B Cable	1	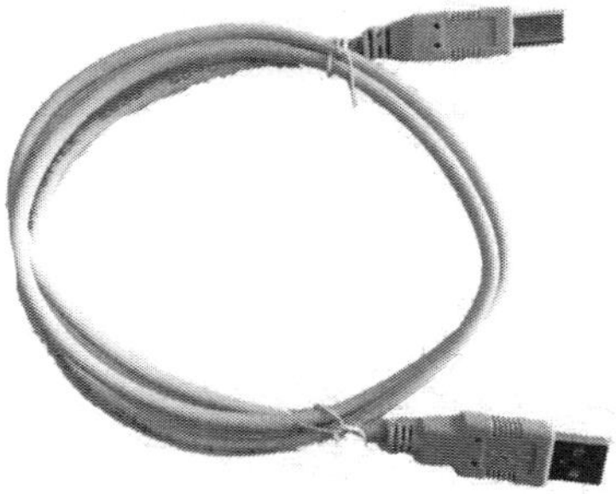

Micro USB Cable	1	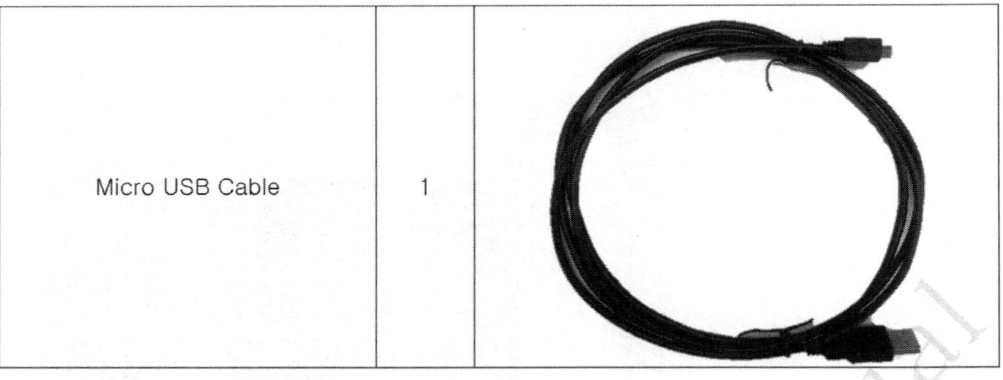

구성	수량	제품 사진
DC +12V/3A Adapter	1	
고급 알루미늄 케이스	1	

3. Block Diagram

3.1. Board Block Diagram

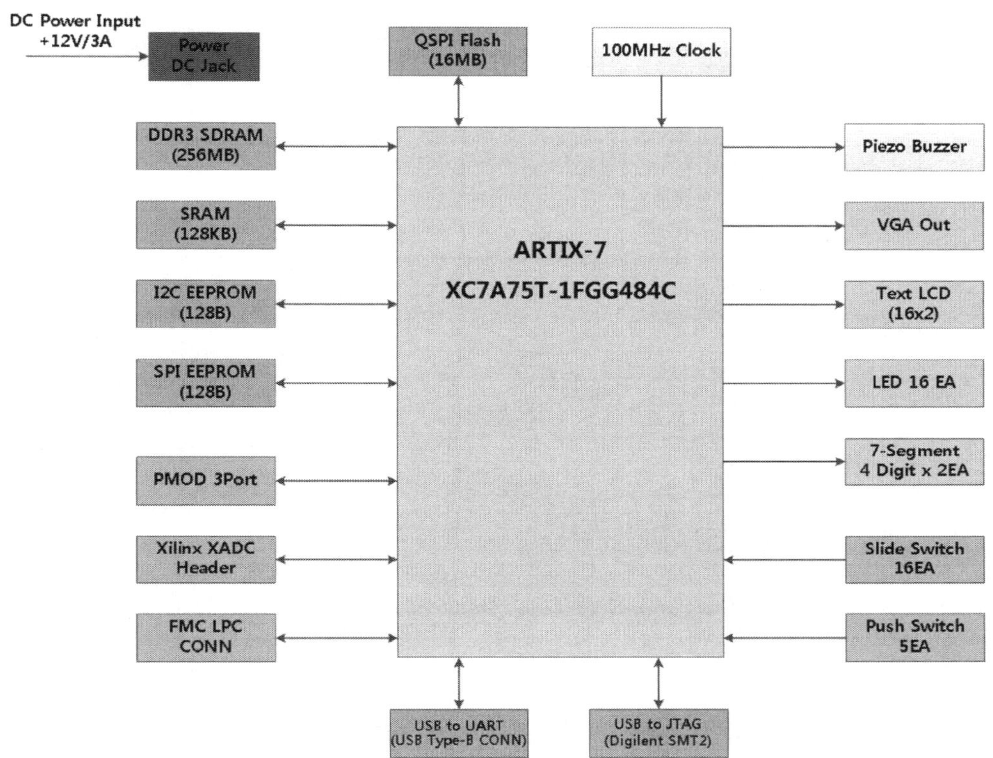

4. 제품사양

구분		항목	사양	비고
FPGA Starter Kit Ⅲ	FPGA Part	Target FPGA	XC7A75T-1FGG484C	
		Configuration Memory	S25FL128S (16MB)	
	Clocks	Oscillator	100MHz	
	Memory	DDR3 SDRAM	MT41K256M8DA-125 (256M x 8bit)	
		SRAM	IS62WV1288BLL-55HLI (128K x 8bit)	
		I2C EEPROM	M24C01-RMN6TP (1Kbit)	
		SPI EEPROM	M95010-WMN6TP (1Kbit)	
	Display	LED	LED 16bit	
		7-Segment	7-Segment 8-Digit	DP 포함
		Character LCD	16x2 Character LCD	
	Switch	PUSH Switch	Reset Switch, User PUSH Switch x 5ea	
		DIP Switch	User DIP Switch 16bit	
	Video	VGA	RGB444 12bit VGA Port	
	PC Interface	UART	USB to UART	
		JTAG	USB to JTAG (Digilent JTAG-SMT2)	
	Expansion Port	PMOD	12pin x 3-Port (I/O : 8x3port=24)	
		FMC	FMC LPC Connector 160pin x 1-Port (일반 I/O : 68, Clock : 4, GTP Channel : 1, I2C : 1, JTAG Port : 1)	LVDS 지원
		XADC	2 Channel 1MSPS ADC Port	
	Etc	Piezo Buzzer	Piezo Buzzer 1EA	

5. 제품 세부 설명

ON
OFF
POWER Switch
Pmod JA
PMOD
Pmod JB
USB to UART
JTAG
USB UART
1602
VGA Out
JTAG Header
FMC 1.PC
+5.0V
+3.3V
+1.0V
+1.5V
+1.2V
+1.8V
MODE
SPI ← → JTAG
DONE
DDR3 SDRAM
ARTIX-7
XADC
SRAM 128KB
I2C EEPROM 128B
SPI EEPROM 128B
FMC
7-Segment Leds 8 ea
Digit1 Digit2 Digit3 Digit4 Digit5 Digit6 Digit7 Digit8
Libertron
FPGA Starter Kit III V1.1
Buzzer
LD1 LD2 LD3 LD4 LD5 LD6 LD7 LD8 LD9 LD10 LD11 LD12 LD13 LD14 LD15 LD16
UP
LEFT MID RIGHT
DOWN
RESET SW
BUZZER
SW1 SW2 SW3 SW4 SW5 SW6 SW7 SW8 SW9 SW10 SW11 SW12 SW13 SW14 SW15 SW16

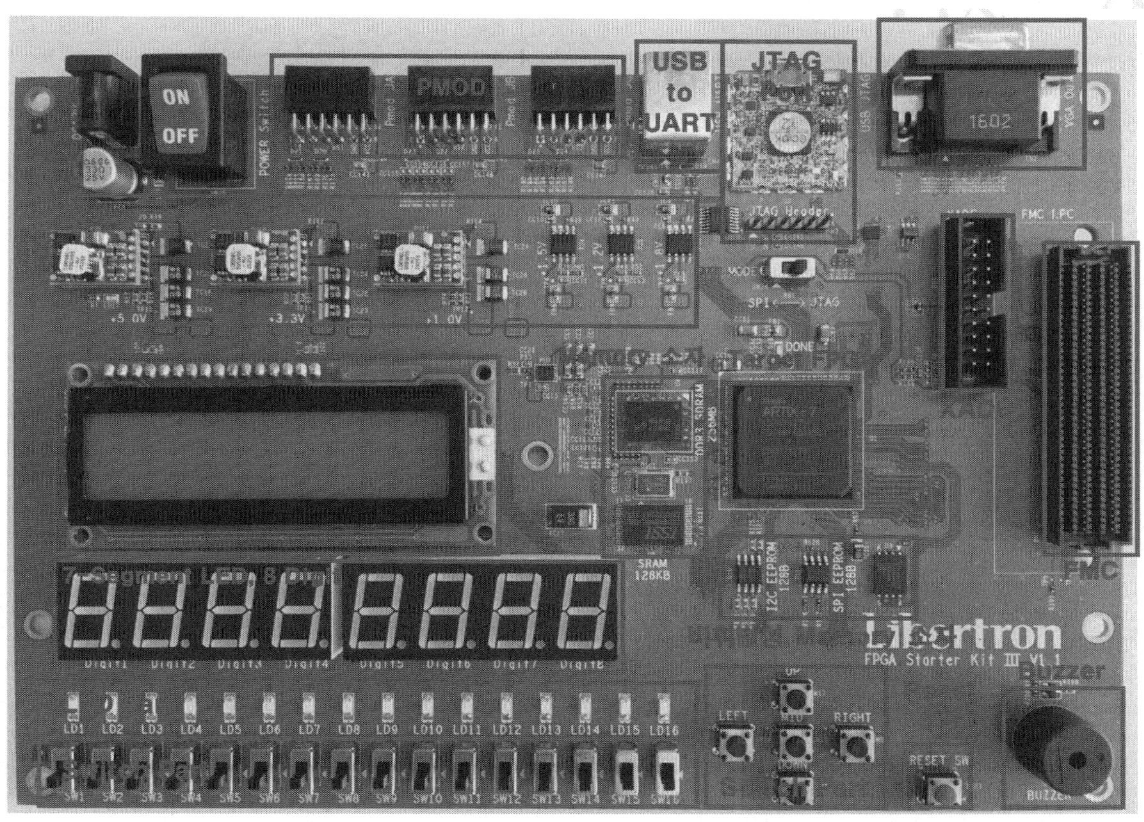

5.1. FPGA Part

5.1.1. Target FPGA (①)

> FPGA Starter Kit Ⅲ에서 제공하는 Target FPGA로 XC7A75T-FGG484 Device가 제공됩니다.
> XC7A75T Device는 사용자의 디지털 회로 구현이 가능한 75,520개의 Logic Cell이 있으며 수학계산을 가속화하는 180개의 DSP Slice, 일반 SRAM처럼 사용이 가능한 Block RAM 3,780Kbit를 포함하고 있습니다. 또한 아날로그 신호를 처리할 수 있는 ADC인 XADC와 고속 Serial Data 전송 블록인 GTP를 내장하고 있습니다.

5.1.2. Configuration 관련 (②)

> Target FPGA의 Configuration Mode 선택은 SW24를 조작함으로써 가능합니다. FPGA Starter Kit Ⅲ는 JTAG Mode와 Master SPI Mode를 지원합니다.
> JTAG Mode는 JTAG을 이용하여 FPGA를 Configuration 하거나 QSPI Flash Memory를 프로그래밍할 경우 사용하고 Master SPI Mode는 QSPI Flash Memory를 이용하여 FPGA를 Configuration 할 경우에 사용합니다.
> JTAG Interface는 "U2"의 USB to JTAG 모듈을 통하여 외부 별도의 케이블 없이 PC와의 USB 연결로 JTAG Interface를 사용할 수 있습니다. 또한, "H2"의 별도 JTAG Header Pin이 있어서 외부 JTAG 케이블을 통해서도 JTAG Interface를 사용할 수 있습니다.

※ Vivado 프로그램에서 FPGA Design을 합성하는 경우 xdc 파일에 아래 항목을 추가
　한 후 합성하여야 Master SPI Mode 사용이 가능합니다.
- set_property CONFIG_MODE SPIx4 [current_design]
- set_property BITSTREAM.CONFIG.SPI_BUSWIDTH 4 [current_design]

※ QSPI에 합성이 완료된 FPGA Design을 Write하는 경우에 Vivado 프로그램에서 선
　택해야 하는 Part Name은 아래 그림의 "s25fl128sxxxxxx0-spi-x1_x2_x4"입니다.

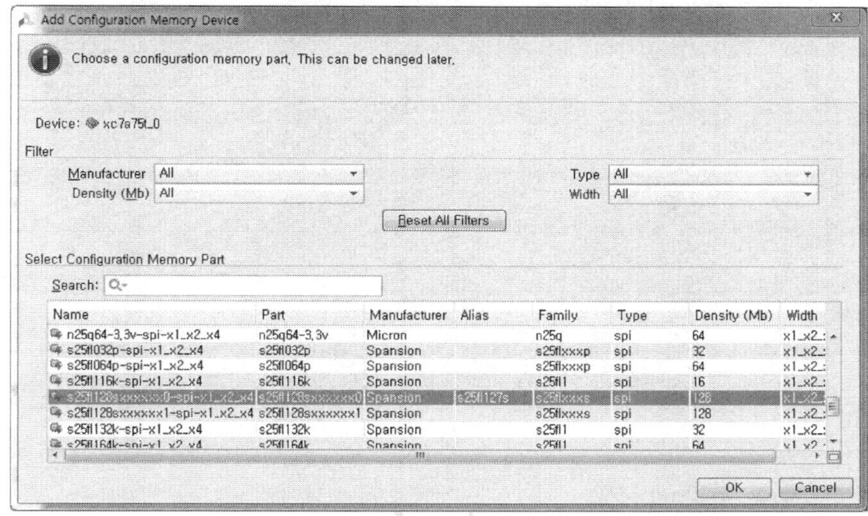

5.2. Memory Part

5.2.1. DDR3 SDRAM (①)

- ➢ Micron사의 DDR3 SDRAM인 MT41K256M8DA-125입니다.
- ➢ 최대 DDR3-1600의 속도를 지원하며 256MB의 용량을 지원합니다.
- ➢ DDR3 SDRAM의 신호는 Target FPGA의 Bank-35(VCCIO:1.5V)에 연결되어 있습니다.

5.2.2. SRAM (②)

- ➢ ISSI사의 SRAM(IS62WV1288BL-55HLI)으로 128Kx8bit(128KB)의 용량을 지원합니다.
- ➢ Access Time은 최소 55ns를 필요로 합니다.
- ➢ SRAM의 신호는 Target FPGA의 Bank-34(VCCIO:3.3V)에 연결되어 있습니다.

5.2.3. I2C EEPROM (③)

- ➢ STMicroelectronics사의 I2C EEPROM(M24C01)으로 1Kbit의 용량을 지원합니다.
- ➢ 400kHz, 100kHz의 통신속도를 지원하며 Write Time은 최대 5ms입니다.
- ➢ I2C EEPROM의 신호는 Target FPGA의 Bank-34(VCCIO:3.3V)에 연결되어 있습니다.

5.2.4. SPI EEPROM (④)

- ➢ STMicroelectronics사의 SPI EEPROM(M95010)으로 1Kbit의 용량을 지원합니다.
- ➢ 최대 10MHz의 통신속도를 지원하며 Write Time은 최대 5ms입니다.
- ➢ SPI EEPROM의 신호는 Target FPGA의 Bank-34(VCCIO:3.3V)에 연결되어 있습니다.

5.3. Display Part

5.3.1. LED (①)

➢ 사용자 LED로 16bit이며 "High" 신호를 인가하면 LED가 켜집니다. (Active 'H')
➢ LED 신호는 Target FPGA의 Bank-13(VCCIO:3.3V), Bank-16(VCCIO:3.3V)에 8bit씩
 연결되어 있습니다.

5.3.2. 7-Segment LED (②)

➢ 사용자 7-Segment LED로 0~F 및 Dot을 표현할 수 있으며 8-digit 형태로 구성되어
 있습니다.
➢ Digit 및 Segment에 "High"신호를 인가하면 LED가 켜집니다. (Active 'H')
➢ 7-Segment LED 신호는 Bank-13(VCCIO:3.3V), Bank-16(VCCIO:3.3V)에 연결되어
 있습니다.

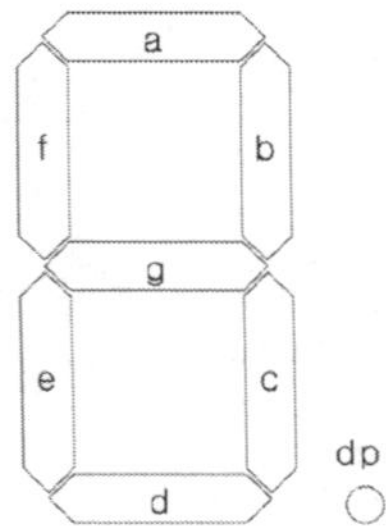

<7-Segment 구조>

5.3.3. Character LCD (③)

> 한 행 당 16개의 글자를 출력할 수 있으며 총 2줄의 출력을 지원합니다.
> Character LCD와 Target FPGA간의 통신은 8bit 또는 4bit로 이루어집니다.
> Character LCD의 신호는 Bank-34(VCCIO:3.3V)에 연결되어 있습니다.

5.4. Video & Audio Part

5.4.1. VGA Port (①)

➢ 아날로그 VGA 신호로써 각 Color Channel 당 4bit 깊이를 지원하여 총 12bit Color 출력이 가능합니다.
➢ VGA Port 신호는 Target FPGA의 Bank-16(VCCIO:3.3V)에 연결되어 있습니다.

5.4.2. Piezo Buzzer (②)

➢ Pulse 파형을 Piezo Buzzer에 출력함으로서 원하는 음계의 출력이 가능합니다.
➢ Piezo Buzzer 신호는 Target FPGA의 Bank-15(VCCIO:3.3V)에 연결되어 있습니다.

5.5. Switch Part

5.5.1. DIP Switch (①)

> 총 16개의 Slide DIP Switch로서 상단으로 올리면 Target FPGA로 "High"를 출력하고 하단으로 내리면 "Low"를 출력합니다.
> DIP Switch 중 SW1 ~ SW8은 Target FPGA의 Bank-35(VCCIO:1.5V)에 연결되어 있으며, SW9 ~ SW16은 Bank-13(VCCIO:3.3V)에 연결되어 있습니다.

5.5.2. Push Switch (②)

> 사용자 Push Switch로 5bit 구조이며 Switch를 누르면 Target FPGA로 "High"를 출력하며 Switch를 누르지 않으면 "Low"를 출력합니다.
> Push Switch 신호는 Target FPGA의 Bank-16(VCCIO:3.3V)에 연결되어 있습니다.

5.5.3. Reset Switch (③)

> FPGA Logic을 Reset할 수 있도록 구성되어 있으며 Switch를 누를때마다 Target FPGA에 "Low" 신호를 출력하고 Switch를 누르지 않으면 "High"를 출력합니다.
> Reset Switch 신호는 Target FPGA의 Bank-34(VCCIO:3.3V)에 연결되어 있습니다.

5.6. PC Interface

5.6.1. USB to UART (①)

➢ FTDI Chip사의 FT230XS USB to UART 변환기를 사용하여 UART를 통한 PC 통신을 지원합니다.
➢ PC와의 연결에는 USB Type-B Cable을 사용합니다.
➢ UART 입출력 신호는 Target FPGA의 Bank-15(VCCIO:3.3V)에 연결되어 있습니다.
  ※ PC Driver는 FTDI Homepage (http://www.ftdichip.com/Drivers/D2XX.htm)에서 다운로드 가능합니다.

5.6.2. USB to JTAG (②)

➢ Digilent사의 JTAG-SMT2를 사용하여 FPGA Configuration 및 QSPI Flash 프로그래밍이 가능합니다.
➢ PC와의 연결에는 Micro AB USB Cable을 사용합니다.

5.7. Expansion Port

5.7.1. PMOD (①)

> Digilent사의 Interface 규격인 PMOD Port입니다. 여러 Vendor의 PMOD 옵션 모듈을 사용할 수 있습니다.
> 각 Port당 8개의 I/O를 사용할 수 있습니다. 또한 JB Port의 경우에는 4개의 XADC Channel로 사용이 가능합니다.
> PMOD 신호는 Target FPGA의 Bank-13(VCCIO:3.3V), Bank-15(VCCIO:3.3V), Bank-16(VCCIO:3.3V)에 연결되어 있습니다

\# PMOD Port 및 대응되는 XADC Signal

Signal Name	XADC Port	FPGA Pin
PMOD_JB[0]	XADC_AD1P	J14
PMOD_JB[1]	XADC_AD1N	H14
PMOD_JB[2]	XADC_AD2P	J22
PMOD_JB[3]	XADC_AD2N	H22
PMOD_JB[4]	XADC_AD9P	J15
PMOD_JB[5]	XADC_AD9N	H15
PMOD_JB[6]	XADC_AD10P	H20
PMOD_JB[7]	XADC_AD10N	G20

6.3. Display

Discrete LED

Signal Name	FPGA Pin	I/O	Description
LED<0>	F15		
LED<1>	F13		
LED<2>	F14		
LED<3>	F16		
LED<4>	E17		
LED<5>	C14		
LED<6>	C15		
LED<7>	E13	Output	User LED [15..0] (Active 'H')
LED<8>	AA10		
LED<9>	AA11		
LED<10>	V10		
LED<11>	W10		
LED<12>	Y11		
LED<13>	Y12		
LED<14>	W11		
LED<15>	W12		

7-Segment

Signal Name	FPGA Pin	I/O	Description
SEG_A	D20		
SEG_B	C20		
SEG_C	C22		
SEG_D	B22	Output	Segment [7..0] (Active 'H')
SEG_E	B21		
SEG_F	A21		
SEG_G	E22		
SEG_DP	D22		
DIGIT1	E14		
DIGIT2	E16		
DIGIT3	D16		
DIGIT4	D14	Output	Digit [7..0] (Active 'H')
DIGIT5	AB11		
DIGIT6	AB12		
DIGIT7	AA9		
DIGIT8	AB10		

Character LCD

Signal Name	FPGA Pin	I/O	Description
LCD_EN	V3	Output	Read/Write Enable
LCD_A0	AA1	Output	Register Selection
LCD_A1	AB1		Read/Write Selection
LCD_D[0]	AB3	In/Out	Data Bus
LCD_D[1]	AB2		
LCD_D[2]	Y3		
LCD_D[3]	AA3		
LCD_D[4]	AA5		
LCD_D[5]	AB5		
LCD_D[6]	Y4		
LCD_D[7]	AA4		

6.4. Video 소자

VGA Out

Signal Name	FPGA Pin	I/O	Description
VGA_HSYNC	D17	Output	VGA Out Horizontal Sync
VGA_VSYNC	C17	Output	VGA Out Vertical Sync
VGA_R[0]	C18	Output	VGA Out Red Data
VGA_R[1]	C19		
VGA_R[2]	E19		
VGA_R[3]	D19		
VGA_G[0]	F18	Output	VGA Out Green Data
VGA_G[1]	E18		
VGA_G[2]	B20		
VGA_G[3]	A20		
VGA_B[0]	A18	Output	VGA Out Blue Data
VGA_B[1]	A19		
VGA_B[2]	F19		
VGA_B[3]	F20		

6.5. Audio 소자

Piezo Buzzer

Signal Name	FPGA Pin	I/O	Description
BUZZER	J16	Output	Piezo Buzzer Output

6.6. PC Interface

UART

Signal Name	FPGA Pin	I/O	Description
UART_RXD	G17	Input	UART RxD
UART_TXD	G18	Output	UART TxD

6.7.Memory

DDR3 SDRAM

Signal Name	FPGA Pin	I/O	Description
DDR3_DQ[0]	R1		
DDR3_DQ[1]	P1		
DDR3_DQ[2]	P2		
DDR3_DQ[3]	N2	I/O	DDR3 SDRAM
DDR3_DQ[4]	M6		Data [7..0]
DDR3_DQ[5]	M5		
DDR3_DQ[6]	P6		
DDR3_DQ[7]	N5		
DDR3_ADDR[0]	J2		
DDR3_ADDR[1]	K2		
DDR3_ADDR[2]	G2		
DDR3_ADDR[3]	H2		
DDR3_ADDR[4]	J1		
DDR3_ADDR[5]	K1		
DDR3_ADDR[6]	F3		
DDR3_ADDR[7]	F1	Output	DDR3 SDRAM
DDR3_ADDR[8]	G1		Address [14..0]
DDR3_ADDR[9]	D2		
DDR3_ADDR[10]	E2		
DDR3_ADDR[11]	B2		
DDR3_ADDR[12]	C2		
DDR3_ADDR[13]	A1		
DDR3_ADDR[14]	B1		
DDR3_DQS_P	P5	I/O	DDR3 SDRAM
DDR3_DQS_N	P4		Data Strobe [0..0]
DDR3_CK_P	E1	Output	DDR3 SDRAM
DDR3_CK_N	D1		Clock [0..0]
DDR3_DM	N4	Output	DDR3 SDRAM Data Mask [0..0]
DDR3_BA[0]	H3		DDR3 SDRAM
DDR3_BA[1]	H5	Output	Bank Address [2..0]
DDR3_BA[2]	J5		
DDR3_WE_B	G4	Output	DDR3 SDRAM Write Strobe
DDR3_RAS_B	G3	Output	DDR3 SDRAM Row Address Strobe
DDR3_CAS_B	H4	Output	DDR3 SDRAM Column Address Strobe
DDR3_CKE	L1	Output	DDR3 SDRAM Clock Enable [0..0]
DDR3_CS_B	M1	Output	DDR3 SDRAM Chip Select [0..0]
DDR3_ODT	M3	Output	DDR3 SDRAM On-die Termination [0..0]
DDR3_RESETN	K4	Output	DDR3 SDRAM Reset

SRAM

Signal Name	FPGA Pin	I/O	Description
SRAM_D[0]	V2	I/O	SRAM Data [7..0]
SRAM_D[1]	R3		
SRAM_D[2]	R2		
SRAM_D[3]	W2		
SRAM_D[4]	Y2		
SRAM_D[5]	W1		
SRAM_D[6]	Y1		
SRAM_D[7]	U3		
SRAM_A[0]	V5	Output	SRAM Address [16..0]
SRAM_A[1]	R6		
SRAM_A[2]	T6		
SRAM_A[3]	Y6		
SRAM_A[4]	AA6		
SRAM_A[5]	V7		
SRAM_A[6]	W7		
SRAM_A[7]	AB7		
SRAM_A[8]	AB6		
SRAM_A[9]	V9		
SRAM_A[10]	V8		
SRAM_A[11]	AA8		
SRAM_A[12]	AB8		
SRAM_A[13]	Y8		
SRAM_A[14]	Y7		
SRAM_A[15]	W9		
SRAM_A[16]	Y9		
SRAM_CS1_B	T3	Output	SRAM Chip Select 1
SRAM_CS2	T1	Output	SRAM Chip Select 2
SRAM_OE_B	U1	Output	SRAM Output Enable
SRAM_WE_B	U2	Output	SRAM Read/Write Control

I2C EEPROM

Signal Name	FPGA Pin	I/O	Description
MEM_I2C_SCL	V4	Output	I2C EEPROM Clock
MEM_I2C_SDA	W4	Output	I2C EEPROM Data

SPI EEPROM

Signal Name	FPGA Pin	I/O	Description
MEM_SPI_CS_B	T4	Output	Chip Select
MEM_SPI_HOLD_B	W5	Output	Transaction Hold
MEM_SPI_WP_B	U6	Output	Write Protect
MEM_SPI_DIN	T5	Output	Serial Data Input
MEM_SPI_DOUT	U5	Input	Serial Data Output
MEM_SPI_CLK	W6	Output	Serial Clock

6.8. Expansion Port

\# PMOD

Signal Name	FPGA Pin	I/O	Description
PMOD_JA[0]	C13		
PMOD_JA[1]	B13		
PMOD_JA[2]	A15		
PMOD_JA[3]	A16	I/O	
PMOD_JA[4]	A13		
PMOD_JA[5]	A14		
PMOD_JA[6]	B17		
PMOD_JA[7]	B18		
PMOD_JB[0]	J14		XADC_AD1P
PMOD_JB[1]	H14		XADC_AD1N
PMOD_JB[2]	J22		XADC_AD2P
PMOD_JB[3]	H22	I/O	XADC_AD2N
PMOD_JB[4]	J15		XADC_AD9P
PMOD_JB[5]	H15		XADC_AD9N
PMOD_JB[6]	H20		XADC_AD10P
PMOD_JB[7]	G20		XADC_AD10N
PMOD_JC[0]	U15		
PMOD_JC[1]	V15		
PMOD_JC[2]	T14		
PMOD_JC[3]	T15	I/O	
PMOD_JC[4]	W15		
PMOD_JC[5]	W16		
PMOD_JC[6]	T16		
PMOD_JC[7]	U16		

\# FMC LPC

Signal Name	FPGA Pin	I/O	Description
FMC_CLK0_P	W19		
FMC_CLK0_N	W20	I/O	
FMC_CLK1_P	Y18		
FMC_CLK1_N	Y19		
FMC_LA_P[0]	V18		
FMC_LA_P[1]	U20		
FMC_LA_P[2]	AA19		
FMC_LA_P[3]	AB21		
FMC_LA_P[4]	AA18		
FMC_LA_P[5]	V17		
FMC_LA_P[6]	U17		
FMC_LA_P[7]	P15		
FMC_LA_P[8]	R18		
FMC_LA_P[9]	P16		
FMC_LA_P[10]	Y21		
FMC_LA_P[11]	P14		
FMC_LA_P[12]	W21		
FMC_LA_P[13]	N13		
FMC_LA_P[14]	AA20		
FMC_LA_P[15]	N22		
FMC_LA_P[16]	T21		
FMC_LA_P[17]	J20		
FMC_LA_P[18]	K18		
FMC_LA_P[19]	M21		
FMC_LA_P[20]	P19	I/O	
FMC_LA_P[21]	L19		
FMC_LA_P[22]	N18		
FMC_LA_P[23]	L14		
FMC_LA_P[24]	K21		
FMC_LA_P[25]	M13		
FMC_LA_P[26]	L16		
FMC_LA_P[27]	N20		
FMC_LA_P[28]	K17		
FMC_LA_P[29]	M18		
FMC_LA_P[30]	N17		
FMC_LA_P[31]	M15		
FMC_LA_P[32]	K13		
FMC_LA_P[33]	H17		
FMC_LA_N[0]	V19		
FMC_LA_N[1]	V20		
FMC_LA_N[2]	AB20		
FMC_LA_N[3]	AB22		
FMC_LA_N[4]	AB18		
FMC_LA_N[5]	W17		
FMC_LA_N[6]	U18		

6.8. Expansion Port

PMOD

Signal Name	FPGA Pin	I/O	Description
PMOD_JA[0]	C13		
PMOD_JA[1]	B13		
PMOD_JA[2]	A15		
PMOD_JA[3]	A16	I/O	
PMOD_JA[4]	A13		
PMOD_JA[5]	A14		
PMOD_JA[6]	B17		
PMOD_JA[7]	B18		
PMOD_JB[0]	J14		XADC_AD1P
PMOD_JB[1]	H14		XADC_AD1N
PMOD_JB[2]	J22		XADC_AD2P
PMOD_JB[3]	H22	I/O	XADC_AD2N
PMOD_JB[4]	J15		XADC_AD9P
PMOD_JB[5]	H15		XADC_AD9N
PMOD_JB[6]	H20		XADC_AD10P
PMOD_JB[7]	G20		XADC_AD10N
PMOD_JC[0]	U15		
PMOD_JC[1]	V15		
PMOD_JC[2]	T14		
PMOD_JC[3]	T15	I/O	
PMOD_JC[4]	W15		
PMOD_JC[5]	W16		
PMOD_JC[6]	T16		
PMOD_JC[7]	U16		

FMC LPC

Signal Name	FPGA Pin	I/O	Description
FMC_CLK0_P	W19		
FMC_CLK0_N	W20	I/O	
FMC_CLK1_P	Y18		
FMC_CLK1_N	Y19		
FMC_LA_P[0]	V18		
FMC_LA_P[1]	U20		
FMC_LA_P[2]	AA19		
FMC_LA_P[3]	AB21		
FMC_LA_P[4]	AA18		
FMC_LA_P[5]	V17		
FMC_LA_P[6]	U17		
FMC_LA_P[7]	P15		
FMC_LA_P[8]	R18		
FMC_LA_P[9]	P16		
FMC_LA_P[10]	Y21		
FMC_LA_P[11]	P14		
FMC_LA_P[12]	W21		
FMC_LA_P[13]	N13		
FMC_LA_P[14]	AA20		
FMC_LA_P[15]	N22		
FMC_LA_P[16]	T21		
FMC_LA_P[17]	J20		
FMC_LA_P[18]	K18		
FMC_LA_P[19]	M21		
FMC_LA_P[20]	P19	I/O	
FMC_LA_P[21]	L19		
FMC_LA_P[22]	N18		
FMC_LA_P[23]	L14		
FMC_LA_P[24]	K21		
FMC_LA_P[25]	M13		
FMC_LA_P[26]	L16		
FMC_LA_P[27]	N20		
FMC_LA_P[28]	K17		
FMC_LA_P[29]	M18		
FMC_LA_P[30]	N17		
FMC_LA_P[31]	M15		
FMC_LA_P[32]	K13		
FMC_LA_P[33]	H17		
FMC_LA_N[0]	V19		
FMC_LA_N[1]	V20		
FMC_LA_N[2]	AB20		
FMC_LA_N[3]	AB22		
FMC_LA_N[4]	AB18		
FMC_LA_N[5]	W17		
FMC_LA_N[6]	U18		

Signal Name	FPGA Pin	I/O	Description
FMC_LA_N[7]	R16		
FMC_LA_N[8]	T18		
FMC_LA_N[9]	R17		
FMC_LA_N[10]	Y22		
FMC_LA_N[11]	R14		
FMC_LA_N[12]	W22		
FMC_LA_N[13]	N14		
FMC_LA_N[14]	AA21		
FMC_LA_N[15]	M22		
FMC_LA_N[16]	U21		
FMC_LA_N[17]	J21		
FMC_LA_N[18]	K19		
FMC_LA_N[19]	L21		
FMC_LA_N[20]	R19		
FMC_LA_N[21]	L20		
FMC_LA_N[22]	N19		
FMC_LA_N[23]	L15		
FMC_LA_N[24]	K22		
FMC_LA_N[25]	L13		
FMC_LA_N[26]	K16		
FMC_LA_N[27]	M20		
FMC_LA_N[28]	J17		
FMC_LA_N[29]	L18		
FMC_LA_N[30]	P17		
FMC_LA_N[31]	M16		
FMC_LA_N[32]	K14		
FMC_LA_N[33]	H18		
FMC_SCL	J19	I/O	
FMC_SDA	H19	I/O	
FMC_PRESENT	N15	I/O	

XADC

Signal Name	FPGA Pin	I/O	Description
XADC_GPIO[0]	D15	I/O	
XADC_GPIO[1]	B15	I/O	
XADC_GPIO[2]	B16	I/O	
XADC_GPIO[3]	M17	I/O	

Revision History

Ver	Date	Revision
1.0	2016-07-01	Initial Document Release.
1.1	2017-12-04	Character LCD Pin정보 추가

김경기 | • 대구대학교 전자전기공학부

Vivado 환경하에서 Verilog를 이용한 FPGA 설계 및 실습

1판 1쇄 발행 2019년 12월 31일
1판 3쇄 발행 2023년 03월 10일
저   자 김경기
발 행 인 이범만
발 행 처 **21세기사** (제406-00015호)
　　　　　경기도 파주시 산남로 72-16 (10882)
　　　　　Tel. 031-942-7861　　　Fax. 031-942-7864
　　　　　E-mail : 21cbook@naver.com
　　　　　Home-page : www.21cbook.co.kr
　　　　　ISBN 978-89-8468-858-2

정가 19,000원